일등 아이의
특별한 엄마

일등 아이의 특별한 엄마

이명주 지음

아주 좋은 날

학원식 입시전략을 '교육의 거의 모든 것'으로 삼는다면
부모로서 당신은 직무유기를 하고 있는 셈이다!

이동주
MBN 해설위원 (전 매일경제신문 논설위원)

내 아이를 인격이 더 훌륭한 사람으로 키울 것인가, 공부를 더 잘하는 사람으로 키울 것인가. 이 질문은 아이를 가진 모든 부모들에게 한결같은 딜레마일 것이다. 교육의 첫 번째 목표를 품성 함양에 두느냐, 학업능력 배양에 두느냐에 따라 아이를 키우는 방식이 크게 달라질 수 있기 때문이다.

한국의 교육풍토는 물론 학업능력 쪽에 너무 치우쳐 있고 그 때문에 밝고 활기차야 할 우리 아이들이 무한경쟁에 내몰리고 사교육에 찌들어 있다는 건 누구나 아는 현실이다. 그렇다고 더 좋은 학교를 나와야 더 편안한 삶이 보장되는 엄연한 현실을 무시할 수도 없는 노릇이다. '행복'이라는 인간 본연의 가치는 적어도 공교육 과정에서는 영영 되찾기 어려운 미아가 돼버렸다.

이미 자녀교육에 관한 책들은 시중에 무수하게 널려 있고 학부모들 중에

는 웬만한 교사 정도는 내려다보는 수준의 지식을 갖춘 분들도 수두룩하다. 어쭙잖은 지침서로 그런 분들을 가르치려 들었다간 웃음거리가 되기 십상이다. 하지만 기본철학과 전문적 식견 없이 주워들은 학원식 입시전략을 '교육의 거의 모든 것'으로 삼는다면 부모로서 직무유기를 하고 있는 셈이다.

이 책은 서점에 수북히 쌓여 있는 흔한 교육 지침서와는 달리 인격과 학습능력이라는 두 개의 목표를 동시에 달성하려는 시도를 한다는 점에서 여느 지침서와 분명한 차별성을 느끼게 해준다. 특히 아이들의 손짓 하나, 표정 하나에 담긴 의미까지 읽어내는 예리한 안목은 오랜 세월 교육자이자 학부모로서 끊임없이 고민해온 저자의 노력을 방증한다. 이명주 교수의 두 자녀가 사교육 대신 놀이와 독서, 다양한 체험활동을 즐기면서도 모두가 부러워하는 법조인으로 성장하게 된 것은 우연의 결과가 아닐 것이다.

모처럼 좋은 책이 나왔다. 어린 자녀를 키우는 부모라면 일독으로 끝낼 게 아니라 수시로 들춰보며 읽어보길 권한다.

"한 살짜리 아이는 엄마 품을 원하지만
열 살짜리 아이는 엄마의 능력을 원한다!"

옛말에 "말을 물가로 끌고 갈 수는 있어도 억지로 물을 마시게 할 수는 없다"는 말이 있다. 아이들 공부가 딱 그렇다. 따라서 교육의 핵심은 교사가 잘 가르치는 것 이상으로 아이들이 스스로 공부할 수 있게 하는 데 있다. 아이가 스스로 공부하게 하는 것은 학교와 교사의 노력만으로는 한계가 있다. 그래서 가정의 역할이 중요한 것이다. 가정을 '최초의 학교'라 하고, 부모를 '최고의 교사'라고 하듯이 자녀교육의 성패는 가정에서의 부모의 역할에 달려 있다고 해도 과언이 아니다.

미국에서는 가족식사를 하며 자란 아이들이 사회에서의 성취도가 남다르다는 연구결과가 보고되고 있다. 또한 일본에서도 예절이 바르고 바른 생활 태도를 가진 학생들이 학업성취도가 높은 것으로 나타났다. 우리나라에서도 전국 0.1퍼센트의 최상위 학생들은 학원공부에 집중하기보다는 예습과 복습을 철저히 하거나 학교 수업에 충실한 것으로 나타났다. 이것은 가정생활 방식과 가정에서 부모의 역할이 자녀의 학업성취에 끼치는 영향이 상당하다는 것을 의미한다.

그런데 요즘 부모들은 자녀교육에 대해서만큼은 심각한 질환을 앓고 있는 것 같다. 그 증상의 예로 몇 가지만 들어보면 다음과 같다.

첫째, 자녀교육에 대해 관심이 아니라 욕심으로 가득 차 있다. 무엇을 공부했느냐(학습내용)보다는 얼마나 오래 공부했느냐(학습시간)를 더 중시하고, 자녀의 학습수준에 맞는 공부를 시키기보다는 다른 아이에게 뒤처질까 봐 불안해하며 이 학원에서 저 학원으로 학원 순례를 시킨다.

둘째, 아이의 발달을 도와주기보다는 생존을 도와주는 데 열중하고 있다. 아이에게 필요한 것을 사주기보다는 아이가 원하는 것을 사주고, 공부할 수 있는 힘을 길러주기보다는 당장 눈앞에 보이는 성적(점수)을 강조한다.

셋째, 교육의 결과는 측정이 곤란하고 결과가 당장 나타나지 않는데도 불구하고 부모들은 당장 효과가 보이는 결과만을 중요시한다. 예컨대 다양한 놀이와 독서에 열중하고, 다양한 체험을 통해 많은 것을 경험해야 할 유치원과 초등학교 시기를 빽빽한 학원 스케줄로 채우고 있다. 학교 수업이 없는 날 장애우와 함께 놀아주는 프로그램에 참여시킬 것인지, 부족한 수학 과외를 시킬 것인지를 선택하라고 하면 아마 대부분의 부모들이 수학 과외를 선택할 것이다.

넷째, 자녀교육은 부모가 몸으로 실천해야 하는데 실제로는 그렇지 못하다. 자녀교육에 대해 나름 상당한 지식들을 가지고 있지만 그것을 실천하려는 정신력이 부족하다는 말이다. 아이의 노력과정을 끈기와 인내심을 가지고 지켜봐주지 못하고 답답해서 죽겠다며 학원으로, 과외 선생님에게로 등을 떠민다.

이런 심각한 문제들을 어떻게 해결할 수 있을까? 방법은 딱 하나다. 이제 부모가 변할 수밖에 없다. 부모가 변하지 않고서 교육문제를 해결해야 한다고 목청을 높이는 것은 어불성설이다. '한 살짜리 아이는 엄마 품을 원하지만 열 살짜리 아이는 엄마의 능력을 원한다'는 말이 있다. 이제 부모는 단순히 자녀의 생존을 도와주는 차원을 넘어서 자녀의 발달을 도와주는 능력 있는 '일등 엄마'로 바뀌어야 한다. 내 아이를 교육하는 방법과 그 효과를 분명히 알고 가르쳐야 한다는 말이다.

자녀를 우등생으로 키우는 '일등 엄마'가 되기 위해서는 다음과 같은 질문에 주저 없이 대답할 수 있어야 한다.

첫째, 부모인 나는 어떤 마인드를 가지고 자녀교육을 해야 할까?
둘째, 아이들에게 꿈과 목표를 어떻게 심어주어야 할까?
셋째, 공부를 잘할 수 있게 하려면 어떻게 해야 할까?
넷째, 아이 스스로 공부가 하고 싶게 만드는 방법은 무엇일까?
다섯째, 성적을 올릴 수 있는 내 아이만의 공부법은 무엇일까?
여섯째, 초등학교 때부터 모든 교과에 흥미를 잃지 않게 하는 방법은 무엇일까?

일곱째, 아이의 '라이프 코치'로서 진로는 어떻게 안내해주어야 할까?

이 책은 이들 질문에 대한 명쾌한 답을 제시하였다. 교육대학에서 가르치고 있는 교육학이론과 교단에서의 생생한 경험과 두 아이를 키워낸 살아있는 경험들을 함께 엮어서 흥미와 재미를 더했다. 특히 아이를 초등학교에 보내면서 내 아이를 위해 지금 무엇을 어떻게 해야 할지 모르겠다고 호소하는 부모님들이 많은데 이 책 속에서 그 구체적인 목표를 세울 수 있을 것이다. 또한 책의 내용대로만 실천한다면 '사교육 제로^{zero} 자녀교육'을 실현하는 일등 엄마가 될 수 있을 것이다. 아울러 자녀교육에 대해 전문성도 갖게 될 것이다.

개인적으로 나는 이 책을 다 읽은 부모님들에게 '자녀교육 석사학위 자격증'을 수여하고 싶다. 이 책이 자녀교육에 대한 부모의 생각을 바꿔 훌륭한 자녀로 키우는 새로운 이정표가 될 것임을 확신하기 때문이다. 마지막으로 우리나라 자녀교육의 변화와 혁신을 실천하기 위해 애쓰는 모든 부모님들께 이 책을 바친다.

3장 꿈이 큰 아이가 큰 인물이 **된다**

4장 책을 좋아하는 아이가 **공부도 잘한다**

처음부터 스스로 공부하는 아이는 없다

공부법이 달라지면 성적도 달라진다

7장 모든 교과에 흥미를 갖는 아이들, 이렇게 키워라

8장 자녀의 훌륭한 라이프코치가 되어라

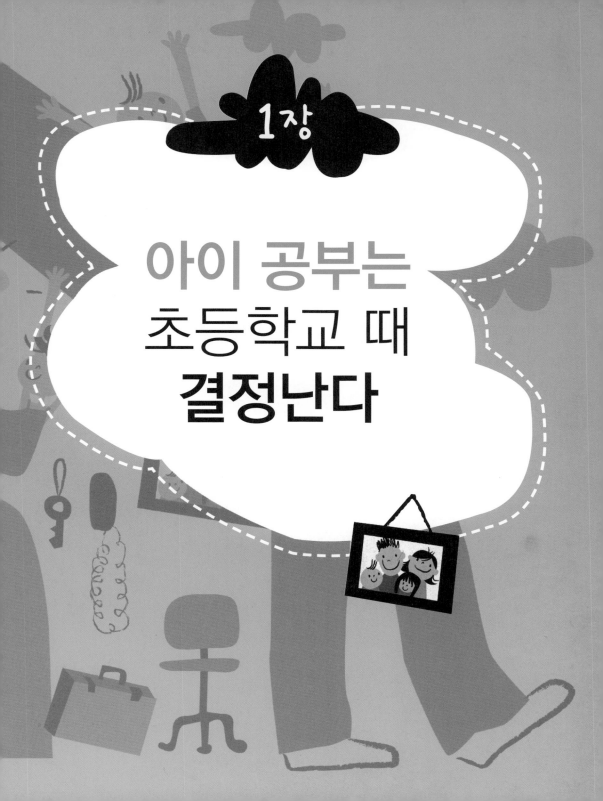

1장

아이 공부는
초등학교 때
결정난다

학력수준이 낮은 아이들은 모르는 것을 보충하려고 학원에 다니고,

학력수준이 높은 아이들은 보다 심화된 내용을 배우기 위해서 학원에 간다. 또 보통 수준인 아이들의 부모는 다른 아이들이 모두 학원을 다니니까 불안해서 학원에 보낸다. 결과적으로 모든 학생이 사교육에 의존하게 되는 '사교육 지상주의'를 만들어가는 셈이다.

행복을 뺀 교육은 허상이다

호랑이의 날카로운 이빨 vs 인간의 교육

우리 인간을 흔히 지구상에서 생존하기에 가장 불리한 존재라고 말한다. 짐승인 소는 태어난 지 이틀 만에 걸을 수 있고, 사슴은 자기를 보호하기 위한 뿔을 가졌으며, 호랑이는 먹잇감을 사냥할 수 있는 날카로운 이빨을 지녔다. 짐승과 비교할 때 인간은 외적으로는 세상을 지배할 만한 뚜렷한 그 무엇도 가지고 있지 않다. 그런 인간이 이 세상을 지배하는 '만물의 영장'이 될 수 있었던 것은 바로 '이성'을 가졌기 때문이다. 이성은 신이 인간에게 내린 최고의 선물이다. 인간은 다른 동물들이 갖고 있지 않은 이성을 가졌기 때문에 교육을 할 수 있었고, 바로 교육을 통해 삶의 지혜와 양식을 찾아내게 되었다.

그래서 교육을 "인간을 행복하게 하는 최고의 장치"라고 말한다. 교육을 통해 인간은 직업을 갖고, 인간답게 살아가는 법을 배우고, 자아실현의 기회를 가질 수 있다. 또한 교육을 통해 정신적 행복의 가치를 누릴 수 있다. 그런데 우리의 교육 현실은 어떠한가? 아이들에게는 배움의 고통을, 부모들에게는 과도한 사교육비로 인한 경제적 부담을 가져다주는 게 눈앞의 현실이다. 그렇다면 교육이란 도대체 무엇이며 왜 하는 것일까?

교육이란 인간의 행동을 바람직한 방향으로 변화시키기 위해 지식과 정보를 가르쳐 인격을 기르는 과정을 말한다. 즉 '인간 행동의 의도적이며 계획적인 변화'를 의미하는 것이다. 그런데 교육을 통해 행동이 달라지려면 행동 이전에 생각이 변해야 하고 말하는 것도 달라져야만 한다. 결국 교육 받은 사람은 말과 생각과 행동이 모두 변해야 한다는 말이 된다. 하지만 행동의 변화가 꼭 교육에 의해 이루어지는 것만은 아니다.

초등학교 1학년 때 나는 어머니와 함께 외갓집을 가게 된 적이 있다. 당시 우리 집은 충남 청양이었고 외갓집은 '은산'이라는 곳이었다. 버스터미널에서 어머니는 예산행 버스를 타려고 하셨다. 초등학교를 다니지 않은 어머니는 당시 한글을 알지 못하는 상태였다. 단지 '산'이란 글자만 알고 계셨던 것 같다. 나는 한글을 알고 있었기 때문에 '은산'으로 표시된 버스를 타야 한다고 말씀드렸다. 그 후 4년이 지나서 외갓집을 다시 가게 되었을 때, 어머니는 '은산'이라고 표시된 버스를 바로 타셨다. 어머니는 4년 동안 어떠한 교육도 받지 않으셨다. 시간이 지나면서 자연스럽게 한글을 깨치게 된 것이다.

이와 같은 성숙에 의한 변화는 교육에 의한 변화라고 할 수 없다.

우리나라 대학생들은 미국 등 선진국의 대학생들에 비해 토론을 잘하지 못한다. 그런데 술을 마시면 말이나 토론을 활발하게 잘하는 경우가 있다. 이와 같이 술로 인한 일시적 행동의 변화 역시 교육에 의한 변화는 아니다.

어린아이들에게 뜨거운 불에 가까이 가지 말라고 말하지 않아도 불 가까이 가다가 뜨거우면 가지 않는다. 또한 젖먹이 아기는 뺨에 뭔가 닿으면 그쪽으로 입을 벌리고 무의식적으로 입 주위의 것을 빤다. 이것은 선천적으로 이미 형성된 행동으로 이러한 생득적 변화 역시 교육에 의한 변화라고 할 수 없다.

이것을 종합하면 교육이란 인간 행동의 의도적이며 계획적인 변화를 의미하며, 성숙에 의한 변화나 일시적인 변화, 생득적 변화를 제외한 나머지 변화를 의미한다고 할 수 있다.

교사는 교육의 질을 좌우한다

그렇다면 가정에서 가르칠 내용을 만들어 의도적, 계획적으로 자녀들을 지도할 수 있을까? 이것은 쉬운 일이 아니다. 교육을 하려면 '가르칠 내용을 담고 있는 그릇'인 교과서가 있어야 하고 가르칠 사람도 있어야 하고 여러 가지 시설과 자료가 필요하다. 그런데 가정에서 이러한 것들을 다 마련하기는 힘들다. 때문에 국가에서 학교를 만들고, 가르칠 내용을 선정하고, 가르칠 학생들을 입학시켜서 교사로 하여금 학생을 가르치도록 하는 것이다. 이 중에서 가장 중요한 요소는 교사이다. 똑같은 내용을 똑같은 학생에게 가르친다고 하더라도 교사가 어떻게 가르치느냐에 따라 학생의 성취결과가 달라지기 때문이다.

예컨대, 초등학교 1학년 학생을 대상으로 '9-6'이라는 뺄셈을 가르친다고 해보자. 어떤 교사는 칠판에 동그라미 9개를 그리고 6개의 동그라미에 빗금을 긋고 나서 3개가 남았다는 것을 보여줄 것이다. 하지만 이렇게 가르칠 경우 뺄셈을 잘하는 아이는 바로 이해할 수 있지만 그렇지 않은 아이는 이해하기 어려울 수 있다.

그러나 학생들의 능력 차이를 조금 더 배려하는 교사라면 바둑알을 사용하여 가르칠 것이다. 6개의 검정 바둑알과 3개의 흰 바둑알을 섞어 놓고 그 합이 9개라는 사실을 알게 한 후에 검정 바둑알 6개를 빼내서 흰 바둑알이 3개 남았음을 보여주는 것이다. 이렇게 바둑알을 사용하면 인지속도도 빠르고 더 오래 기억하게 된다. 왜냐하면 바둑알은 구체물인 데다가 색깔이 있기 때문이다.

열정적인 교사라면 진짜 곶감이나 알사탕 등을 가지고 수업을 진행할 것이다. 이런 교육도구들은 바둑알과 같이 구체물이면서도 먹는 것이기 때문에 학생들에게 흥미와 관심을 더 끌 수 있다. 수업이 끝난 후에 반 아이들이 모두 나눠 먹을 수는 없더라도 '먹을 것'이라는 자체가 흥미를 유발하고 학습동기를 자극하게 되어 있다. 이것은 우리가 어떤 음식을 먹지 않더라도 그 음식에 대해 얘기하면 군침이 도는 것과 같다. 그리고 수학을 어려워하는 아이들에게 답을 맞출 기회를 주고 이 교육도구들을 선물로 활용한다면 흥미롭게 수업에 참여하게 되고, 문제를 쉽게 이해하게 될 것이다. 곶감을 가지고 수업한 후에 실제로 먹어보는 경험을 할 때 가장 잘 이해하는 것은 이러한 이유 때문이다. '경험이 최고의 학습'이란 말처럼 경험보다 더 좋은 공부는 세상에 없음을 기억하라.

왜
옆집 아이는
공부를
잘할까?

똑같이 가르쳐도 일등, 꼴등이 있다

교사가 학생들에게 똑같은 내용을 똑같은 방법으로 가르치더라도 학습결과는 각각 다르게 나타난다. 그렇다면 교사의 수업에 대한 학생들의 학습결과는 왜 달라질까?

첫째, 교사의 수업내용과 달리 학생이 엉뚱한 내용을 학습한 경우가 그렇다. 이런 경우는 사실 거의 없지만 도덕과목 수업에서 이러한 경우가 나타날 수 있다. 교사가 정직해야 한다고 가르쳤는데 거짓말을 하고, 질서를 지켜야 한다고 했는데 학생이 무질서하게 행동하는 경우가 그러하다.

둘째, 교사가 수업한 내용의 일부분을 학생이 이해하고 있고, 수업하지 않은 부분도 일부 이해하고 있는 경우이다. 덧셈을 가르쳤는데 가르친 내용의 대부분을 이해하면서 가르치지 않은 부분까지도 알게 되는 경우이다. 이것은 부모와 함께 생선을 사러 시장에 다녀왔는데 시장에서 생선은 물론 여러 가지 과일을 본 생각이 나는 것과 같다. 대부분의 학생들은 수업을 할 때 개인적인 경험으로 알게 된 기억을 떠올림으로써 학습능률이 높아지는데 이런 경우가 두 번째 사례에 해당된다.

셋째, 교사가 수업한 내용의 거의 대부분을 학생이 완전히 이해한 경우이다. 보통 수업한 내용의 90퍼센트 이상을 이해할 때 '완전학습'이라고 하는데, 이것은 교사가 학생 개개인의 능력에 알맞는 최상의 수업조건과 적절한 조력, 개별화된 수업방식을 통해서 가능하다. 초등학교에서는 대부분의 아이들이 수업한 내용의 90퍼센트 이상을 이해하게 되지만 중학교로 가면 줄어들고 고등학교에서는 더 줄어들어 보통 수준의 고등학생들은 완전학습을 하는 경우가 약 10퍼센트에 지나지 않는다.

똑같은 교실에서 똑같은 내용의 수업을 받았는데 이처럼 학생 간 학업성취의 차이를 보이는 데는 여러 가지 요인이 있다. 그 대표적인 이유를 몇 가지 꼽아보면 다음과 같다.

첫째, 선수학습의 정도에 따라 성취에 차이를 보인다. 선수학습이란 어떤 단원을 배우는 데 있어 그 단원을 배우기 위해서 먼저 꼭 배워야 하는 전(前)단계의 학습을 의미한다. 이러한 선수학습은 학생의 성취에 50퍼센트 이상의 영향을 준다. 또한 선수학습이 미치는 영향은 1~2년까지 지속된다는 보고도 있다. 둘째, 학습태도가 성취에 영향을 미치는데, 물론 학습태도가 좋은 학생의 성적이 높다. 셋째, 학습동기 유발이 되었을 때 학습태도가 좋고 학업성취가 높아진다. 넷째, 지능이 성취에 영향을 미친다. 하지만 지능이 성취에 미치는 영향은 16~25퍼센트에 불과할 정도로 다른 세 가지 요인에 비해 미미한 편이다.

여기서 선수학습과 학습태도, 학습동기는 불가분의 관계에 있다. 무엇보다 선수학습이 잘되어 있어야 학습동기가 유발되고 학습태도가 좋아진다. 따라서 선수학습이 가장 중요하다고 할 수 있다.

덧셈을 못하면 곱셈도 못한다

배우게 될 학습내용에서 위계상 하위에 해당하는 과제나 목표를 성공적으로 습득하고 있으면 본 학습을 용이하게 할 수 있는데 여기서 '위계상 하위에 해당하는 학습'을 선수학습이라고 말한다. 선수학습은 학업성취에 50퍼센트 이상의 영향을 미친다. 따라서 선수학습이 안 된 상태에서의 학업성취는 불가능하다는 말과 같다. 또한 선수학습이 누적되면 교과목을 포기하는 경우도 생긴다. 덧셈과 뺄셈을 모르는 상태에서 어떻게 곱셈과 나눗셈을 이해할 수 있겠는가?

선수학습이 안 된 학습은 사실 무의미하다. 학교의 교육과정은 나선형으로 계열성 있게 구성되어 있어서 학년이 올라갈수록 좀 더 깊이 있는 내용을 다룬다. 즉 초등학교 저학년의 내용부터 고등학교의 내용까지 전체가 연계되어 있어서 어떤 내용을 학습할 때 그 전 단계의 내용을 공부하지 못한 상태로는 수업의 내용을 모두 이해할 수 없다.

이 때문에 선수학습의 결손이 누적되어 고등학교 때 수학이나 영어 또는 국어 중 어느 한 과목을 포기하는 학생들이 있다. 여학생들은 고등학교 2학년쯤 되면 수학을 포기하는 경우가 있고, 남학생들은 영어를 포기하는 경우가 있다. 여학생들이 수학을 포기하는 이유는 선수학습이 누적되어 도저히 따라갈 수 없기 때문이다.

예컨대, 초등학교 3학년 때까지 수학에서 90점 이상을 유지하던 아이가 초등학교 4학년이 되면서 80점대로 떨어지면 10점의 결손이 생기고 그 선수학습의 결손은 다음 학습에 방해요인으로 작용하여 5학년 때는 70점 수준으로 떨어지게 된다. 이때 20점의 학습결손으로 6학년에 올라가고 중학교에 들어가면서 성적은 60점 수준으로 떨어진다. 이렇게 학습결손이 점점 커져 고등학교 때는 50점 이하로 떨어지고 고등학교 2학년쯤 되어 30점 이하로 내려가면 결국 수학을 포기하게 되는 것이다.

초등학교 시기부터 학습결손이 없도록 하는 것은 온전히 부모의 몫이다. 선수학습이 되어 있지 않다면 부모가 직접 지도하든지, 여의치 않으면 학원을 보내거나 과외를 시켜야 할 것이다. 하지만 학원과 과외의 허상에 속아서는 안 된다. 아이가 학원에서 보내는 시간이 많고, 학원에서 문제집을 많이 풀고, 학원에서 무거운 가방을 들고 집에 들어오는 모습을 보면서 뿌듯해 해서는 안 된다. 학원에 많이 보낼수록 자기주도학습 능력이 떨어지기 때문이다. 그런데 우리 현실은 아이가 뒤처질까 봐 무작정 학원에 보내고 과외를 시키는 경우가 많다. 이것을 나는 '우리 교육이 바람난 상태'라고 말한다.

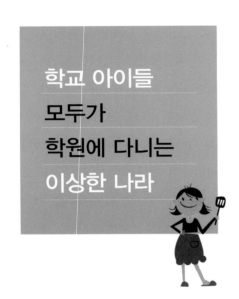

학교 아이들
모두가
학원에 다니는
이상한 나라

학원에 안 보내면 불안한 부모들

학생들을 아무리 잘 가르치는 교사라도 모든 학생들을 만족시킬 수는 없다. 아이들에게는 저마다 개인차가 있어서 현실적으로 모든 학생 개개인의 수준과 능력에 맞는 교육을 할 수 없기 때문이다. 그래서 현재의 학교교육은 '평준인을 위한 교육'이라는 질타를 받기도 한다.

학교 수업에서 가장 큰 도움을 받는 학생들은 성취수준이 보통인 아이들이다. 학력수준이 낮은 학생들은 학교교육만으로는 큰 도움을 받지 못한다. 한글 해독도 하지 못하는 아이들이 글의 요지를 파악하는 수업시간에 앉아 있는 것은 지루하고 고통스러울 뿐이다. 기본적인 영어단어도 모르는데 독해시간에 앉아 있어야 하는 학생들도 마찬가지다. 이런 상황에 해당하는 학생들은 초등학교의 경우는 10퍼센트 정도인데 학년이 올라갈수록 학습결손이 누적되어 중학교나 고등학교 때는 그 비율이 점차 늘어난다. 반면 학력수준이 높은 학생들에게는 수업내용이 너무 쉽고 재미가 없어서 학습동기를 일으키지 못한다. 심지어는 수업시간을 시간낭비로 생각하는 학생들도 있다.

이러한 이유로 학력수준이 낮은 아이들은 모르는 것을 보충하려고 학원에 다니고, 학력수준이 높은 아이들은 보다 심화된 내용을 배우기 위해서 학원에 간다. 또 보통 수준인 아이들의 부모는 다른 아이들이 모두 학원을 다니니까 불안해서 학원에 보낸다. 결과적으로 모든 학생이 사교육에 의존하게 되는 '사교육 지상주의'를 만들어가는 셈이다.

학원에서 공부하고, 학교에서 학원 숙제하는 아이들

사교육은 왜 받는 것일까? 언뜻 보면 사교육은 학생들이 학교교육을 통해 배울 것을 못 배워서, 즉 학습욕구를 충족시키기 위해서 받는 것처럼 보인다. 하지만 사교육을 받는 궁극적인 이유는 경쟁에서 남을 이기기 위해서다. 즉 다른 아이들보다 1점이라도 더 받기 위한 것이다. 따라서 사교육은 '위치재positional goods'의 성격을 가진다.

위치재란 다른 사람과 비교한 가치, 즉 상대적인 맥락에서 그 가치가 결정되는 재화를 가리킨다. 1캐럿 다이아몬드가 아무리 비싸다고 하더라도 다른 사람들이 모두 다 그것을 가지고 있다면 그 가치를 제대로 인정받지 못하는 것과 같은 이치다.

예컨대, 어떤 학생이 반에서 15등을 한다고 가정해보자. 그 학생이 학원을 열심히 다녀 7등을 하게 되었다. 이런 경우 다른 학생들이 모두 학원에 가지 않으면 7등이 유지되지만, 그 반 아이들 모두가 학원에 다닌다면 그 아이는 다시 15등으로 떨어질 가능성이 크다. 그런데 아이가 학원을 가지 않는다면 이 아이의 등수는 15등보다 더 떨어지게 될지도 모른다. 그래서 모두가 학원에 다니게 되는 것이다.

위치재로서 사교육은 사회적 낭비임에 분명하다. 하지만 현재와 같은 대학입시체제와 상대평가가 사라지지 않는 한 사교육은 위치재로서 존재할 수밖에 없다. 위치재로서의 사교육의 존재를 불가피한 것으로 인정한다 하더라도 문제가 완전히 해결되는 것은 아니다. 사교육의 과열로 인해 학교보다는 학원을, 공교육보다는 사교육을 더 신뢰하기 때문이다.

어느 시에서 초·중·고 학부모 2만 명과 학생 2만 명을 대상으로 학생들이 방과 후 어디에서 공부를 하는지를 조사했더니 방과 후 학원수업이나 과외를 받는다는 학생이 58퍼센트 이상이었다. 집에서 공부한다는 학생은 25퍼센트 정도, 방과 후 학교를 이용한다는 학생이 13퍼센트, 공부방이나 다른 교육시설을 이용한다는 학생이 3.7퍼센트였다. 즉 대부분의 학생들이 방과 후 학원교육이나 과외를 받는다는 결론이 떨어진다.

이어서 부모들을 대상으로 아이의 성적향상에 어떠한 요인이 가장 크게 작용한다고 생각하는지를 조사하였다. 그랬더니 부모들은 학원이나 과외가 47.5퍼센트, 학교가 39.2퍼센트, 그리고 방과 후 학교가 13.3퍼센트라고 응답했다. 학교 공부에 의해서 성적이 향상되었다는 의견은 절반에도 미치지 못한 셈이다.

또한 사교육에 의존하는 이유에 대해서도 조사하였다. 그 결과 기초학력을 충실히 보충해주기 때문에, 수준별 반편성으로 효과적인 학습이 이루어지기 때문에, 선행학습에 도움이 되기 때문에, 학교 수업보다 이해도가 높기 때문에, 학원시설이 우수하기 때문에 등의 순으로 수업의 질적인 면에서도 학원을 높이 평가하고 있는 것으로 나타났다.

게다가 외국어고등학교에 다니는 학생 10명 중 7명은 사교육 없이는 성적을 올리기 어렵다는 반응을 보였다. 이렇게 사교육이 만연한 상황이다 보니 학원에서 공부하고, 학교에서 학원 숙제 한다는 말이 나오는지도 모른다.

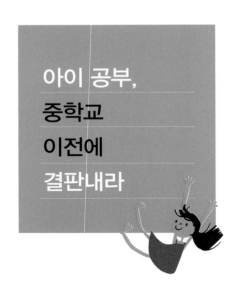

아이 공부,
중학교
이전에
결판내라

자녀교육의 결정적 시기는 바로 '지금'이다

자녀교육의 성패는 유치원, 초등학교 시기가 결정적으로 작용한다. 물에 비유하자면, 유치원과 초등학교 시기는 1급수의 교육환경에 해당하고, 중학교는 2급수, 고등학교는 3급수의 교육환경에 해당한다. 고등학교 시기에 공부를 갑자기 잘하게 만든다는 것은 3급수인 물을 1급수로 바꾸겠다는 것과 마찬가지로 참으로 힘든 일이다. 그래서 우리 자녀교육은 유치원이나 초등학교 때, 아무리 늦어도 중학교 초기까지는 결판을 내야 한다.

명문대 학생들을 대상으로 '언제 공부에 전념했는지'를 조사한 결과를 보면 초등학교 때부터 공부에 전념하기 시작한 학생이 74퍼센트, 중학교는 20

퍼센트, 고등학교는 6퍼센트에 지나지 않는다. 즉 중학교 때까지 공부를 잘 못하다가 고등학교에 들어가 갑자기 성적이 올라서 명문대에 입학하는 경우는 100명 중 6명에 지나지 않는다는 말이다. 유치원이나 초등학교 시기는 인지적·도덕적·사회적·정서적 발달 등 모든 신체적·정신적 발달이 이루어지는 중요한 시기인 만큼 부모들은 이 시기에 더 많은 관심을 가져야 하고, 교육에 대한 투자도 이 시기에 집중되어야 한다.

아이를 변화시키려면 엄마부터 달라져라

가끔 친척끼리 만나면 우리 부모들은 서로의 안부인사가 끝나기가 무섭게 아이들이 공부를 잘하는지에 대해 묻는다. 그때 "우리 둘째 아이도 시원찮아. 난 기대 안 해. 우리 아이 아빠랑 삼촌이 다 그랬거든"이라고 대답하는 엄마가 있다고 치자. 이 엄마는 자녀가 공부를 못하는 것을 유전 탓으로 돌리는 것이다.

"공부는 유전이나 IQ에 의해 좌우되는가, 아니면 노력과 교육에 의해 잘하게 되는가?" 하는 질문은 "닭이 먼저인가, 달걀이 먼저인가?"와 같은 질문이다. 하지만 수없이 많은 연구결과에 의하면 공부는 노력과 교육에 의해서 얼마든지 잘할 수 있다고 한다. 그렇다면 "공부는 타고 나야지 가르친다고 되나?"라든가, "원래 그 집안은 대대로 머리가 좋아. 하나 같이 공부를 잘했어" 같은 말들을 해서는 안 된다.

사람의 뇌는 1,000억 개의 신경세포로 구성되어 있다. 이 중에서 학습과 관련된 대뇌 신피질을 구성하는 신경세포는 약 140억 개인데, 이 중 인간이 평생 사용하는 것은 0.3퍼센트에 지나지 않는다. 99.7퍼센트는 사용도 못해 보고 죽음과 함께 소멸된다는 말이다. 따라서 노력하여 뇌를 계발하고 활용하면 누구든지 공부를 잘할 수 있다. 하지만 자녀교육에 있어서 과욕을 부려서는 안 된다.

인간에게는 태어날 때부터 조물주로부터 받은 달란트가 있다. 이러한 달란트는 후천적인 노력에 의해서 계발될 수 있지만 그것에도 한계가 있다. 따라서 부모는 자녀가 가진 달란트를 이해하고 그 달란트에 해당하는 만큼만 요구하고 기대해야 한다. 자녀가 가지고 있는 달란트가 1임을 간과한 채 5달란트, 10달란트를 받은 사람이 해낼 수 있는 일을 기대하고 요구하는 것은 과욕이다. 예컨대 이것은 물이 1리터밖에 들어가지 않는 그릇에 3리터나 10리터의 물을 넣으려는 것과 같다. 이러한 과욕은 오히려 자녀의 의욕을 떨어뜨려 교육을 망치는 결과를 초래한다.

하지만 자녀에게 달란트가 적게 주어졌다고 생각되더라도 실망할 것은 없다. 공부하는 달란트는 적더라도 다른 분야에서는 분명 그보다 많은 달란트를 가지고 있을 것이기 때문이다. 사람들은 저마다 달란트를 많이 가지고 있는 분야가 따로 있다. 이것이 바로 재능이다. 따라서 자녀교육이란 자녀가 많이 가지고 있는 달란트, 즉 재능을 찾아 그것을 잘 계발할 수 있도록 도와주는 과정인 것이다. 이것을 잘만 실천하면 누구든지 '일등 엄마'가 될 수 있다. 그러기 위해서는 엄마가 먼저 달라져야 한다.

한 어머니는 백 사람의 스승보다 낫다.

• 헤르바르트 •

2장

일등 아이에겐
특별한
엄마가 있다

학원이나 과외를 통해 어릴 때 영어단어를 외우는 것,

피아노를 잘 치고 그림을 잘 그리는 것, 배우지도 않은 수학문제를 푸는 것 등은 일시적으로 부모를 만족시킬지 모르지만 학습잠재력을 키워주지는 못한다.

'언 발에 오줌 누기'란 말이 있듯이 학원이나 과외를 통해 어릴 때 특정 분야를 잘하는 것은 그 순간에는 부모의 마음을 편하게 해줄지 모르지만 그런 아이가 성장하여 성공한 예는 드물다.

교육에 대한 잘못된 편견을 버려라

부모의 욕심이 자녀를 멍들게 한다

공부 잘한다는 남의 집 아이의 공부법을 무작정 따라하는 엄마들이 많다. 하지만 부모들의 무작정 따라하기 식의 교육은 오히려 자녀의 미래를 멍들게 한다. 요즘 아이들은 어릴 때부터 영어유치원에 보내지고, 음악학원에 보내지고, 미술학원에 보내지고, 논술학원에 보내진다. 부모는 아이의 재능이 무엇이고, 어디에 관심이 있고, 현재의 학습발달 수준이 어느 정도인지도 모른 채 다른 아이들이 이 학원 저 학원을 다니는 것을 보고 내 아이도 이 학원으로 저 학원으로 보내면서 불안감을 잠재운다.

어떤 엄마는 모임에 나갔다가 초등학교 1학년 아이가 영어단어를 술술 외운다는 다른 엄마의 말을 듣고 깜짝 놀라고, 아직 영어단어 하나 알지도 못하는 자녀에 대한 불안감과 열등감 때문에 스트레스를 받다가 급기야 소문난 영어학원에 보내고 만다. 또한 수학 만점을 맞은 옆집 아이가 선행학습을 한다는 것을 알고 자녀가 뒤처질까 봐 수학학원을 보내기로 결심한다.

결국 자기 아이가 다른 아이에게 뒤처질까 봐 다른 사람들을 따라 공부를 시키는 것이다. 이는 축구코치가 자기 선수들을 지도하는데 선수들의 장단점도 모른 채 다른 팀 코치의 지도방법을 따라하는 것과 마찬가지다. 이것은 자녀교육에 대한 관심보다 욕심이 강하기 때문이다.

이렇게 욕심을 부리는 엄마들을 보면 다음과 같이 네 가지 유형으로 나눌 수 있다.

첫째, 아이를 통해 대리만족을 얻고자 하는 유형이다. 학교 성적이 중간 정도에 머물렀던 과거의 불만족스런 경험을 아이를 통해서 불식시키고 싶은 경우로 이때 아이가 1등을 하면 엄마도 1등이 된 것으로 생각한다.

둘째, 엄마가 직업을 갖지 않고 아이의 교육에만 전념하면서 자신의 개인생활이나 사회생활을 포기한 부분에 대해 아이를 통해 보상받고 싶은 보상심리형이다. 따라서 아이가 어떤 성취를 해내면 그것을 자신의 희생 결과라고 생각하며 만족해한다. 그러나 아이가 실패를 하면 크게 실망하며 때에 따라 우울증 증세를 보이기도 한다.

셋째, 옆집 아이나 친척 중의 한 아이와 비교하면서 아이에게 강요하고 스트레스를 주는 옆집 비교형으로, 특정 아이의 행동과 공부법을 무조건 따르게 하는 경향이 있다.

넷째, 자녀가 오직 하나인 경우 이것저것 가리지 않고 아이에게 모든 정성을 쏟는 올인형이다. 자녀가 해달라고 하는 것은 모두 해주고, 자녀를 위한 투자는 아끼지 않는 편이다.

이 네 가지 유형별 부모가 자녀에게 자주 하는 말을 살펴보면 다음과 같다.

대리만족형	"아빠가 못했던 일이니 너라도 꼭 성취해야 해!"
보상심리형	"너를 위해 모든 걸 희생하며 최선을 다한 보람이 있구나!"
옆집 비교형	"네가 영호만큼 못할 이유가 뭐가 있니?"
올인형	"나는 너 하나 보고 지금까지 살아왔단다."

이러한 부모들의 욕심에 등 떠밀려 아이들은 학원을 다니거나 과외를 받는다. 다른 아이에게 뒤처져서는 안 되고 남들보다 많이 그리고 빨리 배워야 미래에 성공할 수 있다고 생각하기 때문이다. 아이가 학원이 많아 힘들다고 칭얼대고, 숙제가 많다고 불만을 내비쳐도 "다 네 미래의 행복을 위해서"라고 말하며 야단을 친다. 겉으로 보면 '자녀의 행복을 위해서'로 보일지 모르지만 사실 속내를 들여다보면 '부모의 불안감이나 심리적 안정을 위해서'인 게 맞다. 아이에게는 부모의 욕심이 아닌 관심이 필요하다.

욕심을 버리고 관심을 가져라

분명한 것은 욕심만 가지고는 아이를 우등생으로 만들 수 없다는 점이다.

초등학교 1학년 때 영어단어를 술술 외웠다고 해서 그 아이가 영어 우등생이 된다는 보장은 없다. 초등학교 3학년 정규 교과시간부터 영어 공부를 시작하더라도 얼마든지 영어의 달인이 될 수 있다. 단지 일찍부터 영어단어를 술술 외우니까 부모가 안심이 되고 마음이 편할 뿐이다. 이것은 영어뿐만 아니라 다른 교과에서도 마찬가지다.

인간 발달단계에서 유·아동기는 성인이 되기 위한 준비단계로서 절대 가볍게 취급되어서는 안 된다. 인생을 살아가는 데 기초를 다지는 가장 중요한 시기인 것이다. 공부보다는 놀이를 하고 다양한 일들을 경험해야 하는 시기이며, 부모로부터 사랑과 인정, 격려를 받고 친구들과 즐거움을 경험하고 소속감을 나누면서 인간관계의 기초를 스스로 깨치는 시기인 것이다. 따라서 부모는 이러한 일에 관심을 갖고 세심히 배려하는 태도를 배워야 한다.

무엇보다도 아이의 발달수준에 맞는 많은 놀이와 활동의 장을 만들어주는 데 관심을 쏟아야 한다. 부모가 아이의 학습수준에 맞는 공부를 시키고 그에 걸맞은 기대치를 가질 때, 아이는 더 높은 수준의 공부에도 쉽게 도전하게 되고 더 나은 미래를 꿈꾸게 된다. 요즘 같은 시기에 아이를 아이답게 키운다는 것이 그리 쉬운 일은 아니지만 부모가 유·아동기를 아이답게 보낼 수 있도록 배려하는 것이 행복한 성인기를 만들어줄 수 있는 전제조건이 된다는 것을 명심해야 된다. 자녀교육에 욕심 있는 엄마와 관심 있는 엄마는 이렇게 다르다.

자녀교육에 욕심을 부리는 엄마	자녀교육에 관심이 있는 엄마
공부 잘하는 아이의 행동특성에 관심이 있다.	자기 자녀의 행동특성에 더 관심이 있다.
점수와 성적에 관심이 많다.	인성교육에 관심이 많다.
학원이나 과외를 우선한다.	독서나 놀이, 경험을 중시한다.
공부 잘하는 아이의 학원이나 과외를 따라한다.	내 아이에게 잘 맞는 학원이나 과외를 시킨다.
공부 잘하는 아이의 공부법을 따라한다.	내 아이에게 맞는 공부법을 함께 찾는다.
공부할 때 공부시간을 중요시한다. (예 : 2시간 공부함)	공부할 때 학습과제를 중요시한다. (예 : 수학 20문제 풀이)
시험이 끝나면 "시험 잘 봤니?"라고 물어본다.	시험이 끝나면 "왜 그 답을 선택했니?"라고 물어본다.
10문제 중 6개를 맞았을 때 네 개나 틀렸다고 야단친다.	10문제 중 6개를 맞았을 때 "반도 더 맞았네"라고 칭찬한다.
'토끼와 거북이'에서 토끼와 같이 성급하다.	'토끼와 거북이'에서 거북이 같이 꾸준히 실천한다.
아이의 생존을 도와준다.	아이의 발달을 도와준다.

부모가
먼저
'능력'을
갖춰라

아이의 학습동기를 키워라

과거에는 학생들의 학업성취가 주로 학교에 의해 이루어졌다. 그래서 부모는 아이를 학교에 맡기기만 하면 학교에서 모든 것을 다 해주는 것으로 생각했다. 그런데 오늘날 학생의 학업성취에서 학교가 차지하는 비중은 과거에 비해 확실히 줄어들고 있고, 대신에 가정과 사회가 차지하는 비중이 늘고 있다. 예전보다 학교 시설이 좋아지고 학급당 학생 수도 줄어들고, 교사의 질도 나아졌는데 학교의 교육기능이 약화된 이유는 무엇일까? 그것은 학원이나 공부방 같은 사회교육기관이 많아졌고 과외를 받는 학생도 증가했으며, 학생과 학부모의 교육에 대한 욕구와 요구가 과거보다 다양해지고 강해

졌기 때문이다.

이렇듯 학생들의 학업성취에 가정과 사회가 미치는 영향이 커짐에 따라 자녀교육에 대한 부모의 역할이 그 어느 때보다 증가되고 있다. 이제 우리는 아이들을 위해 능력 있는 부모가 되어야 한다. 그렇다면 능력 있는 부모란 과연 어떤 부모일까? 아이에게 잘 입혀주고, 잘 먹여주고, 학원에 보내주고, 과외를 시켜주고, 아이의 요구를 다 들어주면서 교육시키는 부모는 아이의 생존을 도와주는 부모다. 하지만 능력 있는 부모란 아이의 생존을 도와주는 차원을 넘어서 아이의 발달을 도와줄 수 있는 부모를 말한다. 발달을 도와주는 부모는 자녀의 성장 수준에 맞는 놀이와 활동을 시키면서, 아이가 스스로 공부할 수 있는 힘을 길러주는 부모이다. 즉 자녀의 학습동기를 불러일으키고 자녀에게 가장 적합한 공부법을 안내해 줄 수 있는 부모인 것이다. 그런 부모는 자녀 스스로 미래에 대한 꿈과 목표를 세우고 자기주도적으로 학교생활을 할 수 있도록 도와준다.

미국의 하버드, 예일, 컬럼비아, 코넬 등 명문대학에 입학한 한국 학생들의 중도 탈락율이 40퍼센트를 넘는다. 이들이 중도에 탈락하는 이유는 자율을 견디지 못했기 때문이다. 부모가 어려서부터 등·하교는 물론 참고서를 선택해주고, 학원을 선정해주고, 자녀를 규제하고 통제하는 등 생존에만 관심을 가졌기 때문이다. 아이 스스로 고민하고, 선택하고, 자신의 행동을 조절하고 규제하는 힘을 길러주는 데는 실패한 것이다.

자기주도학습, 맹모삼천지교가 답이다!

다음은 '맹모삼천지교'의 내용이다.

맹자가 어머니와 처음 살았던 곳은 공동묘지 근처였다. 함께 뛰어놀 친구가 없던 맹자는 늘 보던 것을 따라 곡을 하는 등 장사 지내는 놀이를 하며 놀았다. 이 광경을 목격한 맹자의 어머니는 안 되겠다 싶어서 이사를 했는데, 하필 시장 근처였다. 그랬더니 이번에는 시장에서 물건을 사고파는 장사꾼들의 흉내를 내면서 노는 것이었다. 맹자의 어머니는 이곳도 아이와 함께 살 곳이 아니구나 하면서 이번에는 글방 근처로 이사를 하였다. 그랬더니 맹자가 제사 때 쓰는 기구를 늘어놓고 절하는 법이며 나아가고 물러나는 법 등 예법에 관한 놀이를 하는 것이었다. 맹자 어머니는 '이곳이야말로 아들과 함께 살 만한 곳이구나' 하고 마침내 그곳에 머물러 살았다.

이처럼 자녀를 위해서 좋은 교육환경을 만들어주는 것이 부모의 역할이다. 그러나 오늘날의 부모들은 좋은 학습환경을 만들어주는 것만으로는 부족하다. 이제는 자녀가 어떤 과목을 잘하고, 어떤 과목을 못하고, 어떤 과목을 좋아하고, 어떤 과목을 싫어하고 어떤 공부태도를 가지고 있고, 어떤 생각을 하고 있는지를 면밀히 파악하여 학습코치로서의 역할을 해야 한다. 이러한 부모야말로 자녀의 발달을 도와주는 부모라 할 수 있다.

생존을 도와주는 부모와 발달을 도와주는 부모는 이렇게 다르다.

생존을 도와주는 부모	발달을 도와주는 부모
아이가 원하는 것을 모두 사준다.	아이에게 필요한 것을 사준다.
유치원이나 초등학교 때부터 자녀에게 공부를 강요한다.	유치원이나 초등학교 시기에는 놀이를 통한 다양한 경험을 중시한다.
성적을 강조한다.	공부할 수 있는 힘을 길러준다.
학원이나 과외를 중요시한다.	자기주도적 학습능력을 중요시한다.
공부에만 관심을 갖는다.	음악, 미술, 요리, 운동, 연극 등 아이의 재능에 관심을 갖는다.
과제를 해결해준다.	과제를 해결하는 방법을 안내해준다.
공부 잘하는 아이의 공부법을 따라하게 한다.	아이에게 적합한 공부법을 안내해준다.
자녀에게 지시적, 통제적이다.	자녀의 자유와 자율, 선택을 중시한다.
성격이 급하고 무엇이든 빨리빨리 해결하려고 한다.	성격이 느긋하고 조바심내지 않고기다린다.
장래희망에 관한 부모생각을 강요한다.	자녀의 재능과 적성을 중시한다.
자녀의 단점을 지적하며 개선을 요구한다.	자녀의 장점을 칭찬한다.
선수로서 엄마가 뛰려고 한다.	코치의 역할을 한다.

눈에
보이는 것만
쫓아다니지
마라

당신도 함정에 빠진 부모인가?

유아기부터 영어학원, 미술학원, 피아노학원, 논술학원에 다닌 아이가 공부를 잘하게 될까? 아니면 놀이와 독서를 많이 한 아이가 공부를 잘하게 될까? 확신컨대 중고등학교에 들어가면 후자가 공부를 잘하고 대학을 졸업한 후에도 성공할 확률이 높다.

그런데 부모들은 전자처럼 교육을 시키는 경우가 많다. 그렇게 하는 이유는 부모들이 아이의 변화과정을 직접 눈으로 보고 확인할 수 있기 때문이다. 부모들은 자녀의 변화를 눈으로 직접 보고 경험해야 성적이 향상되었다고 믿는 경향이 있다. 예컨대, 영어단어를 하나도 알지 못하던 아이가 학원을 다니더니 영어단어를 술술 외우고 기본적인 회화를 하는 것을 보면 신기하고 기특하게 생각한다. 피아노를 조금도 못 치던 아이가 피아노학원을 다니더니 집에서 동요를 제법 연주하는 것을 보면 흐뭇해한다. 미술학원을 다니면서 그림을 제법 잘 그리고, 논술학원을 다니면서 논술쓰기 능력이 제법 향상된 모습을 보고 난 부모들은 그때부터 어떠한 투자도 아끼지 않게 된다. 아이의 변화된 모습을 눈으로 직접 확인했기 때문이다.

반면에 놀이와 독서, 다양한 경험을 시키는 것은 그것보다 중요시하지 않는다. 또한 투자도 적게 한다. 이것은 부모가 놀이나 경험, 독서가 성적에 얼마만큼 영향을 주었는지를 알 수 없고, 그 결과를 눈으로 직접 확인할 수 없기 때문이다.

아이의 변화된 모습은 일시적으로는 첫 번째 방법을 통해 알 수 있지만 학습 잠재력, 즉 나중에 공부를 잘할 수 있는 힘을 키워주는 것은 두 번째 방법이다. 이것을 인체에 비유하면 첫 번째 방법은 아이가 몸이 약할 때 각종 영양제를 사다 먹이고 병원에서 영양제를 맞게 하여 몸의 상태를 좋게 만드는 경우에 해당하고, 두 번째는 규칙적인 생활과 운동을 시킨 것에 비유할 수 있다. 따라서 당장은 영양제를 섭취한 아이가 건강해 보일지 모르지만 나중에는 기초체력을 갖춘 아이가 공부를 더 잘하게 된다.

학원이나 과외를 통해 어릴 때 영어단어를 외우는 것, 피아노를 잘 치고 그림을 잘 그리는 것, 배우지도 않은 수학문제를 푸는 것 등은 일시적으로 부모를 만족시킬지 모르지만 학습잠재력을 키워주지는 못한다.

'언 발에 오줌 누기'란 말이 있듯이 학원이나 과외를 통해 어릴 때 특정 분야를 잘하는 것은 그 순간에는 부모의 마음을 편하게 해줄지 모르지만 그런 아이가 성장하여 성공한 예는 드물다.

자녀교육은 '토끼와 거북이'의 달리기 경주

이솝우화 '토끼와 거북이'에서 얻을 수 있는 교훈은 무엇일까?

토끼는 잘난 척만 하면서 느림보 거북이를 자꾸만 놀렸다. 이에 화가 난 거북이는 토끼에게 말도 안 되는 달리기 시합을 하자고 제안한다. 토끼가 거북이의 특징을 인정해주지 않고 자기만 잘났다고 하니까 거북이도 억지를 부린 것이다. 토끼는 거북이의 달리기 시합 제의를 거절하지 않았다. 경주 결과는 누가 이길지 뻔한 시합이기 때문에 좋다고 허락한 것이다. 그런데 달리기 시합을 하다 말고 토끼는 깜박 잠이 들고 말았다. 계속해서 거북이를 무시한 것이다. 어쨌든 거북이는 잠든 토끼를 그냥 놔두고 쉬지 않고 엉금엉금 기어서 시합에 이길 수 있었다.

이 이야기가 우리 교육에 주는 교훈은 무엇일까? 바로 "느리고 힘들어도 꾸준히 하는 사람이 결국은 승리한다"는 것이다. 토끼같이 먼저 앞서 가더라도 실패할 수 있다는 것이다. 토끼가 앞서 갔으면서도 시합에서 진 이유는 무엇일까? 토끼는 경쟁의 목표를 거북이를 이기는 것으로 세웠다. 하지만 거북이의 목표는 토끼를 이기는 것이 아니라 정상에 오르는 것이었다.

이 이야기에서 부모들이 명심해야 할 점은 자녀교육에서 경쟁의 대상은 옆집 아이가 아니라 자녀의 재능과 적성에 맞는 대학이나 학과에 입학하게 하는 것이라는 점이다. 따라서 단기적으로 옆집 아이보다 더 빨리 많은 것을 배워야 한다고 생각하지 말고, 멀고 길게 보고 공부할 수 있도록 도와줘야 한다. 성급하게 빨리빨리 성취결과를 기다리기보다는 꾸준히 쉬지 않고 노력할 수 있도록 도와줘야 한다. 가깝게는 대학입시, 멀게는 자녀가 정한 인생의 목표와 꿈을 향해 거북이처럼 노력하면 꿈을 실현시킬 수 있다.

공부의 성과는 곧바로 나타나는 것이 아니다. 거북이와 같이 날마다 조금씩 꾸준히 반복하여 공부하는 것이 가장 효율적인 공부법이다.

학업
성취도는
인성교육이
결정한다

인성교육은 아무리 강조해도 지나치지 않다

엄마 아빠가 한바탕 싸우는 것과 이로 인해 맘 상한 자녀가 학원에 가지 않는 것 중 어느 것이 자녀에게 더 많은 영향을 미칠까? 자녀에게 인성적으로 나쁜 영향을 미치는 것은 분명 전자의 경우다. 하지만 "자녀의 성취에 좋지 않은 영향을 미치는 것은 무엇인가?"라고 질문한다면 대부분의 부모들은 후자의 경우(자녀가 학원가지 않는 것)라고 답할 것이다. 하지만 좋은 생각, 긍정적인 사고, 남을 배려하는 마음과 상대방에 대한 이해, 협동심과 공동체 의식이 강한 아이가 공부를 잘하는 것으로 나타났고 사회적으로도 성공하는 것으로 밝혀졌다.

초등학교 3학년 학생 10명에게 한 시간 동안 재미있고 교훈적인 이야기를 들려주고 좋은 생각을 하도록 하였고 10명의 학생들에게는 나쁜 이야기를 들려주고 도둑놈과 강도가 되는 상상을 하게 했다. 이 과정에서 뇌세포 활동을 MRI로 관찰하였다. 좋은 생각을 하는 학생들은 뇌의 많은 부분이 붉은색을 띠었으나 나쁜 생각을 하는 학생들은 대부분 선홍색이나 흰색으로 나타났다. 좋은 생각을 한 학생들이 붉은빛을 띤 것은 뇌에 피의 양이 많아지고 피의 흐름속도가 빠르다는 것을 의미하는데, 이는 뇌세포가 활발하게 움직이고 있다는 것을 보여준다. 그러니까 좋은 생각과 긍정적 사고를 하면 뇌세포 사이의 회로를 활짝 열어주어 뇌세포 활동을 활발하게 하고 기억력과 집중력을 높여준다는 것이다.

일본 도호쿠 대학에서는 좋은 그림을 보여주고 좋은 이야기를 들려준 초등학생 20명과 반대의 상황을 제시한 20명을 대상으로 특정 숫자를 30초간 보여준 다음 생각나는 숫자를 써 보도록 하는 실험을 하였다. 또한 이와 유사한 여러 가지의 기억력 테스트를 했더니 좋은 생각을 한 학생들이 그렇지 않은 학생들보다 숫자를 1.6배 더 많이 기억하는 것으로 나타났다.

이러한 현상은 우리 어른들도 쉽게 경험할 수 있다. 좋은 생각과 긍정적 사고를 하고 마음이 편안한 상태에서 독서를 하면 줄거리가 쉽게 이해되지만 나쁜 생각과 부정적 사고를 하면서 책을 읽거나 드라마를 보면 도무지 무슨 내용인지 헷갈렸던 경험이 있을 것이다. 이와 같이 인성교육은 자녀의 성공적인 교육을 위해 아무리 강조해도 지나치지 않다. 하지만 부모들은 눈으로 보이지도 않고 측정할 수도 없기 때문에 인성교육의 중요성을 간과하기 쉽다. 앞에서 언급했지만 늘 부모는 가시적인 것, 결과가 눈앞에 금방 나타나는 것에만 관심을 갖기 때문이다.

학교 수업이 없는 날 아이를 장애우와 함께 놀아주는 프로그램에 참여시킬 것인지, 부족한 수학 과외를 시킬 것인지를 선택하라면 요즘 부모들은 당연히 수학 과외를 선택할 것이다. 수학 과외의 결과는 눈으로 확인할 수 있기 때문이다. 하지만 일등 엄마는 수학 문제 하나를 더 푸는 것보다 장애우와 함께 대화하고 노는 프로그램을 선택할 것이다. 장애우와 함께하는 프로그램의 효과는 눈으로 볼 수도 없고, 즉시 나타나지도 않아 관찰할 수 없지만 자녀의 인성교육에 결정적인 영향을 준다. 아이들은 장애우와 함께하는 동안 자신이 건강한 몸을 갖고 태어나 말할 수 있고, 걸을 수 있고, 맘대로 움직일 수 있다는 것에 감사함을 느끼고 상대적 행복을 느끼게 될 것이다. 그러는 동안 자녀는 상대방을 이해하고 배려하는 법도 알게 되고 부모에 대한 고마움과 감사함까지 느끼게 된다. 이러한 마음은 자녀가 생활하고 공부하는 데 매우 긍정적으로 작용하여 결국 학업성취를 높일 것이다. 좋은 생각과 긍정의 힘이 곧 성공의 열쇠가 된다는 것을 유념하기 바란다.

인성은 성공 비결의 키워드

하버드 대학의 대니얼 골먼은 지능지수가 높은 사람보다 감성지수가 높은 사람이 성공할 가능성이 높다고 하였다. 또한 혹자는 IQ가 높으면 취직되고 EQ가 높으면 성공한다고도 말한다. EQ는 지능지수IQ, Intelligence Quotient에 대비

되는 개념으로, '마음의 지능지수'라고도 한다. 미국의 행동심리학자인 대니얼 골먼은 '인간의 총명함을 결정하는 것은 IQ가 아니라 EQ'라고 제창해 커다란 사회적 반향을 불러일으켰다. EQ란 거짓 없는 자기의 느낌을 솔직하게 인정하고 마음으로부터 납득할 수 있는 판단을 내리는 능력, 불안이나 분노 등에 대한 충동을 조절할 수 있는 능력, 궁지에 몰렸을 때에도 자기 자신에게 힘을 북돋아주고 낙관적인 생각을 유지할 수 있는 능력, 남을 배려하고 공감할 수 있는 능력, 집단 속에서 조화와 협조를 중시하는 사회적 능력 등을 일컫는다. 이러한 EQ는 바른 인성이 바탕이 된다.

EQ와 함께 최근에는 NQ가 주목받고 있다. NQ^Network Quotient는 공존지수로, 다른 사람들과 더불어 잘 살아갈 수 있는 능력을 의미하는 신조어다. NQ가 높을수록 다른 사람들과 원만한 관계를 유지하며, 이러한 타인과의 의사소통 능력은 개인의 성공에도 영향을 준다는 개념이다. NQ가 높은 사람은 자신의 성공과 출세를 위한 인맥관리나 처세술과는 달리 모두가 행복하고 성공하는 것을 추구해 공존의 네트워크를 만들고자 노력한다. NQ 역시 바른 인성을 바탕으로 발달된다.

카네기의 성공비결에서는 두뇌와 기술, 노력이 차지하는 비율은 15퍼센트인 반면 인간관계기술은 85퍼센트를 차지하는 것으로 밝히고 있다. 인간관계기술, 즉 대인관계능력을 키우는 핵심적인 요인은 인성이다. 따라서 부모들은 인성교육이 자녀들의 성취와 미래의 사회생활을 하는 데 결정적인 성공의 열쇠가 된다는 것을 명심해야 할 것이다.

식사습관과 인사습관의 거대한 힘

일본의 아키타 현에서 학력을 높였던 여러 가지 사례 가운데 하나는 가족식사와 인사지도였다. 그들은 가족식사를 통한 대화 시간을 사고력을 키우는 시간으로 받아들였다. 따라서 아이와 얼굴을 마주하고 앉아서 학교에서 일어난 일과 아이의 생각에 귀를 기울이면서 적극적으로 반응을 해주었다. 처음에 말을 걸었을 때는 아이들이 단답식의 반응을 보였다. 그러나 부모들은 화내거나 조바심내지 않고 부모가 먼저 구체적인 에피소드를 들려주면서 차츰 대화량을 늘려 나갔다. 이러한 가족식사를 통해 대화가 일상화되자 주변 사람들과의 의사소통에 문제가 있었던 아이에게도 차츰 변화가 일어났다.

또 하나는 인사습관에 관한 것이다. 인사는 대화력을 키우는 첫걸음이라 생각하고, 인사하는 것이 기분 좋은 것이라는 생각을 갖게 한 것이다. 언제나 부모가 먼저 적극적으로 인사하는 모범을 보였고 아침에 일어날 때, 외출할 때, 귀가할 때, 잠자리에 들 때, 무언가를 받았을 때 꼭 인사로 대화를 시작했다. 아이가 큰소리로 인사하면 칭찬해주었고 아이와 눈을 맞추는 인사를 통해 마음의 벽을 허물었다.

이 같은 가족식사 시간과 인사지도를 통해 아이들은 바른 품성을 갖게 되었고, 이것이 아이의 학업성취에도 영향을 주어 아키타 현 소재의 학생들이 성적을 끌어올리는 원동력이 되었던 것이다.

자식을 불행하게 하는 가장 확실한 방법은
언제나 무엇이든지 손에 넣을 수 있게
해주는 일이다.
• 루소의 「에밀」 중에서 •

3장

꿈이 큰 아이가
큰 인물이
된다

대부분의 부모들은 70점 맞은 자녀를 100점 맞은 옆집 아이와 비교하면서

경쟁을 시키려고 한다. 이는 지나친 경쟁으로 성취동기를 유발시키지 못한다. 오히려 아이에게 좌절감을 줄 수도 있다. 하지만 아이의 점수를 80점 맞은 아이와 비교한다면 아이는 "나도 그 정도는 할 수 있어."라고 생각하며 공부를 열심히 하게 된다. 이것은 달리기 시합에서 다른 사람과의 차이가 적으면 혼신의 힘을 다해 뛰지만, 차이가 너무 많이 벌어지면 포기하고 마는 것과 같다.

좋은 열매는 좋은 씨앗에서 나온다

남들이 뛴다고 뒤따라 뛰게 하지 마라

요즘 아이들은 정신없이 바쁘다. 유아기와 아동기부터 영어학원, 음악학원, 미술학원 등 서너 개의 학원에 다니는 건 다반사이고 고액과외를 받는 아이도 있다. 심지어는 초등학생 때부터 대학입시 방향에 맞추어 공부를 시키는 부모도 있다.

이렇게 어릴 때부터 부모가 자녀교육에 힘을 쏟는 이유는 무엇일까? 아이가 어느 분야에 특별한 재능이 있어서 교육을 시키려는 부모도 있지만 다른 아이에게 뒤떨어지는 것이 두려워서 시키는 경우가 대부분이다. 그런데 뚜렷한 목표 없이 눈앞의 불안감에 급급해 공부를 시키다 보면 십중팔구 실패하게 된다.

영양(羚羊)에 관한 이야기 하나를 소개한다. 영양은 이유 없이 집단으로 달리기를 시작하여 나중에는 모두 다 절벽에서 떨어져 죽는다. 영양은 산에서 수천 마리씩 무리를 지어 생활하는 산양의 일종이다. 처음에는 대부분의 동물학자들이 영양이 집단으로 자살하는 것이라고 생각했다. 그런데 어느 학자가 영양이 집단으로 몰사하는 이유를 밝혀냈다.

수천 마리씩 무리를 지어 가던 양들이 풀밭을 만나면 풀을 뜯어먹으려고 한다. 그런데 앞쪽에 있는 양들이 풀을 뜯어 먹고 짓밟으면서 가기 때문에 뒤쪽에 있는 양들은 도무지 풀을 먹을 수가 없다. 그래서 뒤쪽에 있는 양들은 풀을 먹기 위해 자꾸만 더 앞으로 나아가려고 한다. 그런데 양들이 너무 많기 때문에 앞으로 쉽게 나아갈 수는 없고, 앞쪽에 있는 양들은 뒤쪽에 있는 양들이 미니까 걸음이 자꾸만 빨라진다. 그러다 보면 나중에는 뛰는 형국이 되는데 뒤쪽에 있는 양들은 앞쪽의 양들을 따라 같이 뛰게 된다. 뒤쪽에 있는 양들은 자신들이 뛰는 이유를 모른다. 그저 앞에서 뛰니까 뒤에서 뛰고, 뒤에서 뛰니까 앞에서 뛸 뿐이다. 그러다가 벼랑을 만나면 앞쪽의 양들은 뒤쪽의 양들에 떠밀려서 벼랑으로 떨어지고, 뒤따라 오던 양들은 속도를 줄이지 못해 떨어진다. 그렇게 해서 수천 마리가 다 몰사한다는 것이다.

꿈과 목표가 분명하지 않은 사람이 주어진 일을 무작정 열심히 하는 것은 이유도 모른 채 달리는 영양과 다를 바가 없다. 그러니 다른 아이와 비교하기보다는 인생의 꿈과 진정한 삶의 목표를 갖도록 도와야 한다.

꿈을 훔치는 부모가 되지 마라

거대한 목장을 소유한 몬트 로버츠의 거실 벽난로 위에는 서툴게 그려진 목장의 지도가 낡은 액자에 끼워져 걸려 있었다. 어느 여름, 목장을 청소년 캠프장으로 사용하도록 허락한 그는 많은 청소년들 앞에서 다음과 같은 이야기를 들려주었다.

아주 오래전 한 소년이 있었습니다. 소년의 아버지는 말을 훈련시키는 떠돌이 말 조련사였지요. 소년이 고등학생이었을 때 숙제로 훗날 자신이 어떤 일을 하고 싶은지를 쓴 적이 있습니다. 그날 밤 소년은 '언젠가는 목장주인이 되겠다'는 꿈을 일곱 장의 종이에 깨알같이 적고 목장의 구조를 자세히 그린 그림까지 첨부하여 제출하였습니다. 그 그림에는 25만 평에 달하는 푸른 초원에 말과 소와 양들이 뛰어다니는 모습과 커다란 저택이 한가운데 그려져 있었습니다. 그런데 다음날 선생님은 소년의 숙제에 빨간색으로 F학점을 주었습니다.

"애야, 너의 꿈은 불가능하단다. 너와 네 아버지는 돈이 한 푼도 없지 않니? 만약 네가 좀 더 현실적인 꿈을 갖는다면 점수를 다시 주도록 하마."

집으로 돌아온 소년은 밤을 새워 고민하였습니다. 그리고 다시 숙제를 하였습니다. 그런데 그것은 어제 냈던 것과 똑같았습니다.

소년은 선생님에게 가서 이렇게 말했습니다.

"선생님, F학점을 주세요. 차라리 저는 이 꿈을 간직하겠어요."

몬트 로버츠는 벽난로 위의 액자를 가리켰다.

"이 그림이 제가 그때 그린 꿈입니다. 2년 전에 제게 F학점을 주었던 선생님께서 아이들을 데리고 이곳을 다녀가셨습니다. 그분은 떠나시던 날 눈물을 글썽이며 '여보게, 내가 교단에 있었을 때 나는 아이들의 꿈을 훔치는 도둑이었네. 그 시절 나는 참으로 많은 아이들의 꿈을 훔쳤어. 다행히 자네는 굳센 의지가 있어서 꿈을 지켜냈지만……'이라고 말씀하셨죠."

삶에서 좋은 열매를 거두려면 반드시 튼튼하고 좋은 씨앗을 뿌려야 한다. 아이가 인생에서 좋은 열매를 거두게 하기 위한 부모의 가장 중요한 역할은 어릴 때 자녀가 인생의 꿈과 목표, 비전을 갖도록 이끌어주는 것임을 기억하라.

꿈은
키워주는
만큼
커진다

위인전에는 아이를 키우는 힘이 있다

리처드 바크의 『갈매기의 꿈』이라는 소설은 '가장 높이 나는 새가 가장 멀리 볼 수 있다'는 삶의 진리를 일깨워준다. 우리는 책을 읽는 동안 다른 갈매기들의 따돌림에도 흔들림 없이 꿋꿋하게 자신의 꿈에 도전하는 갈매기 조나단의 모습을 보며 자기완성의 소중함을 깨닫게 된다. 이 소설은 눈앞에 보이는 일에만 매달리지 말고 저 멀리 앞날을 내다보며 저마다 마음속에 자신의 꿈과 이상 그리고 비전을 가지고 살아가라고 가르쳐준다. 이와 같이 독서를 통해 어릴 때부터 꿈을 키워줄 수 있다.

또한 위인전은 아이의 꿈을 키워줄 수 있는 가장 좋은 교육도구이다. 위인전을 통해 비록 실패하더라도 도전하는 정신과 노력하는 인간상을 배울 수 있으며, 내 안의 숨겨진 재능을 발견해 하나의 목표로 삼을 수 있는 계기가 되기 때문이다. 위인전을 읽힐 때는 고전적 가치관이 주는 권력지향적 인물이나 시대적 가치관과 거리가 먼 인물들의 이야기를 읽게 하는 것보다는 많은 단점에도 불구하고 나만의 장점 한 가지를 잘 살려낸 인물들의 이야기가 좋다.

이때 영웅적으로 미화된 인물이 아닌 객관적 자료와 근거를 토대로 인물을 그린 책이 좋다. 위인이 특별한 존재가 아니라 인간적인 삶에서 자기의 의지를 어떻게 관철시켜 나갔는가를 알 수 있는 이야기여야 한다. 또한 위인이라 할지라도 실패를 받아들이는 모습이 녹아 있어야 하고, 고난을 극복하기 위해 노력하는 모습이 그려져 있어야 한다. 한 사람이 남긴 업적과 함께 인간적인 약점을 극복해가는 면모가 아이의 삶에 긍정적인 자극을 주기 때문이다. 뿐만 아니라 아이마다 가진 특성과 재능이 다르기 때문에 자기 분야에서 최선을 다해서 살아간 다양한 직업군의 위인전을 읽히는 게 좋다. 누구나 자기가 좋아하는 일을 하면서 살아가는 게 가장 큰 행복이라고 볼 때 자기 분야에서 최선을 다해 살아간 사람들의 삶을 다양하게 보여줄 필요가 있기 때문이다.

하지만 초등학교 시절에 꼭 읽기는 하지만 큰 재미나 감동을 주지 못하는 책 중의 하나가 바로 위인전이다. 중학교 때부터 읽는 것이 좋다고 하는 사람들도 있지만 개인적으로 나는 초등학교 중학년 때부터 읽게 하여 꿈을 키워주는 게 좋다고 생각한다.

세계지도는 아이의 꿈을 세계 무대로 이끈다

높은 꿈과 이상, 비전을 갖도록 아이들 공부방에 지구본을 놓아주고, 세계지도를 붙여주자. 넓은 지역을 보다 보면 생각도 넓어지고, 큰 세계를 마주 대하다 보면 생각도 커진다. 이렇게 넓고 큰 생각은 인생과 삶의 목표를 설정하는 데도 영향을 준다.

옛말에 '큰물에서 놀아라'는 말이 있다. 좋은 친구와 어울리다 보면 그 친구의 습관과 태도를 자연스레 배우게 되고, 결국 그 친구처럼 좋은 사람이 될 가능성이 높아진다. 영국이라는 큰물로 들어간 박지성 선수는 이국땅에서 일상생활도 힘들고 스트레스도 많이 받겠지만 훌륭한 동료 선수들을 보면서 많은 것을 배울 것이다. 큰물에서 놀기 위해서는 큰 생각을 해야 한다. 하루에 한 번은 지구본을 돌려보고 세계지도를 들여다보면서 더 크고 넓게 세상을 꿈꾸고 자신이 미래에 살아가야 할 곳이 대한민국, 아시아, 나아가 세계 전체가 될 수 있다는 생각을 갖도록 아이에게 꿈을 심어주자.

여건이 되면 세계 여러 나라를 여행하는 것도 아이들이 꿈을 세우고 비전을 갖게 하는 데 큰 도움이 된다. 인천공항에서 홍콩이나 필리핀 등 동남아시아를 갈 때 창가에 앉아 1만 피트 높이에서 내려다보면 제주도가 타원형의 손바닥만 한 크기로 보인다. 타이완도 국가 전체가 한눈에 들어온다. 밤에 한국으로 올 때는 목포, 군산, 전주, 수원의 불빛이 한눈에 들어온다. 그 진풍경을 내려다보면 더 넓고, 더 높고, 더 깊게 생각하게 되고 관대한 마음을 가질 수 있다. 또한 더 큰 꿈과 목표를 그리게 된다. 부모는 자녀가 '세계 속의 중심인물'이라는 생각으로 원대한 목표를 세우도록 도와야 한다. 완전하게 정지된 삶보다는 불완전하더라도 더 높은 목적을 찾는 조나단처럼 자녀를 키울 일이다.

명문대학 투어는 목표의식을 갖게 한다

목표의식이 있어야 동기도 강해지고 행동도 의욕적으로 하게 된다. 나는 아이들이 초등학교, 중학교에 다닐 때 아이들과 함께 대학 투어를 했다. 서울대학교에 가서 대학을 둘러보고 교내식당에서 점심도 사 먹고 잔디밭에 앉아 얘기도 나누고 도서관과 법대 강의실 등을 둘러보았다. 연세대, 고려대에 가서도 마찬가지로 대학 시설 등 여러 곳을 둘러보고 대학의 역사와 우수성에 대해 설명하였다.

고등학교 1학년 여름방학 때는 미국 뉴욕 근처의 롱아일랜드에 있는 고등학교에 연수를 보냈는데 이때 큰아이는 『난장이가 쏘아올린 작은 공』이란 책을 읽고 사회적 약자를 돕는 법조인이 되기로 결심했다. 큰아이는 미국 연수 마지막 일주일 동안 뉴욕의 맨해튼 거리와 자유의 여신상, 뉴욕 주립대학을 둘러보고 워싱턴에서 미국 대법원을 견학했다. 그곳에서 사진을 찍고 '망치와 판결판'을 기념품으로 사와서 책상 앞에 놓고 공부하면서 서울대학교 법과대학에 합격하겠다는 결심을 한 것이다. 분명한 목표를 세운 큰아이는 공부를 더욱 열심히 하게 되었다.

어릴 때부터 아이가 꿈과 목표의식을 갖게 하려면 명문 고등학교와 명문대학을 둘러보도록 하는 것이 좋다. 또는 자녀들이 미래에 하고자 하는 일과 관련된 회사나 기관을 방문하는 것도 큰 도움이 된다.

만약 여건이 안 된다면 아이가 다니고 싶어 하는 대학에 다니는 학생과 대화할 기회를 만들어주는 것도 목표의식을 갖고 학업 동기를 높이는 데 도움이 된다. 그러니 아무리 바빠도 아이를 위해 시간을 투자해보자. 그 효과는 당장은 보이지 않겠지만 미래에 큰 성과를 만들어낼 것이다.

책상 앞 슬로건은 각오를 다지게 한다

우리 아이가 고등학교에 다닐 때 책상 앞에는 '진인사대천명(盡人事待天命)'이라고 본인이 쓴 메모가 붙어 있었다. 공부할 때마다 늘 한 번씩 보고 의지와 각오를 굳혔다고 한다.

진인사대천명은 수인사대천명(修人事待天命)에서 유래된 말이다. 중국 춘추전국시대에 오·촉 연합군과 적벽대전 중에 촉나라 관우는 제갈량에게 조조를 죽이라는 명령을 받았으나 화용도에 포위된 조조를 죽이지 않고 오히려 길을 내주어 달아나게 하고 돌아왔다. 그래서 제갈량은 관우를 참수하려 하였지만 유비의 간청으로 관우의 목숨을 살려 주었다. 이때 제갈량이 유비에게 "조조는 아직 죽을 운명이 아니므로 조조에게 입은 은혜를 갚으라고 관우를 화용도로 보냈으며 목숨은 하늘의 뜻에 달렸으니 나는 사람으로서 할 수 있는 방법을 다 썼기에 하늘의 명을 기다려 따를 뿐이다(修人事待天命)"라고 말한 것에서 유래되었다고 한다.

공부할 때 공부방에 자신의 의지를 나타내는 슬로건을 써 놓고 늘 보고 생각하면 공부 동기를 자극하고 더 열심히 하게 된다. 예컨대, 슬로건은 '심은 대로 거둔다', '10분 뒤와 10년 후를 동시에 생각하라', '오늘 걷지 않으면 내일 뛰어야 한다', '승리는 가장 끈기 있는 사람에게로 돌아간다', '하늘은 스스로 돕는 자를 돕는다!'는 식의 긍정적인 표현도 있고 '지금 이 순간에도 적들의 책장은 넘어가고 있다'라는 재치 있는 표현도 있다. 그런데 책상 앞의 슬로건은 긍정적 사고를 할 수 있는 표현이 좋다. 자녀가 자신의 목표에 가장 잘 맞는 슬로건을 찾아서 적어놓고 매일 보고 외치고 생각하게 하면 어떨까?

목표를
세우는 아이가
공부도
잘한다

목표를 세우는 아이와 그렇지 않은 아이는 열 끝 차이

물장수는 어떤 물을 만들어야 가장 잘 팔릴까?

무엇보다도 깨끗한 물을 만들어야 한다. 그러나 물장수들 모두가 깨끗한 물을 만든다면 경쟁력은 없어지고 만다. 그 치열한 경쟁에서 살아남으려면 한 단계 더 높은 수준의 물을 만들어야 할 것이다.

그렇다면 깨끗한 물보다 좋은 물은 무엇일까? '맛있는 물'은 어떨까? 그런데 다른 경쟁자도 맛있는 물을 만들어 낸다면 또 다시 더 경쟁력을 가진 물을 만들어야 할 것이다.

자, 과연 맛있는 물보다 더 경쟁력 있는 물은 어떤 물일까? 그것은 '질병을 고칠 수 있는 물'이 아닐까? 병을 고치는 물을 만든 물장수는 분명 성공할 것이다.

이처럼 목표를 세우고 달성한 뒤에는 더 높은 수준의 목표를 세워야 한다. 이것을 반복하다 보면 최종목표를 달성할 수 있게 된다. 이와 마찬가지로 아이들의 학습동기를 유발시키려면 목표를 세우고 공부하는 법을 가르쳐야 한다. 목표를 세워 그것을 머릿속에 인지하고 있는 학생은 그렇지 않은 학생보다 성취동기가 훨씬 강하다.

목표를 설정할 때에는 미래의 큰 목표는 물론이고 1년간, 월별, 주별, 매일의 공부목표를 세워야 한다. 대부분의 아이들은 목표를 세우지 않고 공부하는 경우가 많으며 목표를 세우더라도 제대로 실천하지 못한다. 따라서 부모는 아이들이 세운 목표를 처음에는 잘 실천하지 못할지라도 계속 목표를 세우고 이를 실천할 수 있도록 도와주어야 한다. 물고기를 잡아주지 말고 물고기를 잡는 법을 가르쳐야 한다는 말이다.

한 연구결과에 따르면 매일매일 공부할 목표를 세우고 실천하는 학생과, 가끔씩 목표를 세우고 실천하는 학생, 목표를 세우지 않고 공부하는 학생의 성적을 비교했더니 매일매일 공부할 목표를 세우고 공부한 아이가 그렇지 않은 아이보다 무려 20점 정도가 높은 것으로 나타났다.

이렇듯 목표를 세우고 실천하고 평가하고 반성을 하다 보면, 부모의 도움 없이도 스스로 목표를 세우고 실천해나가게 된다. 인간은 어떤 일을 반복하다 중지하면 계속하려는 심리가 있기 때문이다. 자녀가 목표설정을 할 때 부모가 두 달 정도만 적극적으로 방법을 알려주고 함께 체크해주면 그 다음부터는 아이 스스로 목표를 세워 실천하는 습관을 갖게 될 것이다.

조각 케이크를 먹을 때는 케이크 전체를 생각하지 마라

목표를 세울 때는 목표의 가치를 확인하고 연간계획, 월간계획, 주간계획, 일간계획의 순으로 구체적으로 실천할 수 있는 계획을 세워야 한다. 즉 목표를 장기목표, 중간목표, 일일업무 리스트로 구성해 체계화시켜야 한다는 말이다. 이렇게 체계화해 놓으면 자신의 목표달성 외의 다른 일에는 눈을 돌릴 겨를이 없게 된다.

목표를 잘 관리하면서 실행하려면 목표를 작은 단위로 나누어 하나하나 실천하는 것이 중요하다. 마라톤을 할 때 출발하는 순간 결승선까지 얼마나 남았나를 생각하면, 그 압박감 때문에 경기가 시작된 지 얼마 지나지 않아 쉽게 지치고 만다. 하지만 생각을 바꿔서 출발한 이후에 눈에 들어오는 목표물, 예컨대 앞에 보이는 나무나 전신주를 목표로 정해놓고 달리기를 하다 보면 여유가 생겨서 좋은 성적을 낼 수 있다.

아이들 공부도 마찬가지다. 아이들은 공부가 짐이 되면 동기와 의욕이 떨어진다. 공부가 짐이 되지 않게 하려면 공부할 목표를 세운 후에 그것을 세분화하여 도달하기 쉬운 목표로 나누어야 한다. 그러면 목표가 보다 명확해지고 달성하기도 쉬워진다. 예를 들면 다음과 같다.

연간목표	수학점수를 80점 수준에서 90점 수준으로 높인다.
월간목표	교과서의 분수와 소수의 곱셈과 나눗셈 문제를 모두 이해하고 이와 관련한 문제집을 두 권 푼다.
주간목표	분수의 곱셈 교과서 26쪽부터 32쪽을 이해하고 이와 관련된 문제를 50개 푼다.
일일목표	분수의 곱셈 26쪽 문제를 풀이하고 교과서 외의 문제를 10문제 푼다.

미국의 유명 인테리어 업체 에이젤의 CEO인 로버트 앨런 회장은 "케이크를 여러 조각으로 잘라서 먹을 때는 자기 접시에 있는 것만 생각하라. 케이크 전체를 생각하지 마라"라고 말했다. 그것은 크고 원대한 목표를 세우는 것도 중요하지만 실천이 더욱 중요하며, 실천을 위해서는 그 목표를 관리해야 하는데, 목표관리 방법은 마음속에는 크고 원대한 목표를 늘 생각하면서 매일매일 작게 나누어 하나하나 실천하는 것임을 가리킨다.

목표설계는 공부의 절반이다

목표는 어떤 행동에 대해 기대하는 결과이다. 목표를 설정한다는 것은 어떠한 결과를 내겠다는 약속이며, 목표설계란 기대하는 결과를 미리 그려보는 작업이다.

공부에 있어서 이러한 작업은 학습계획에 해당한다. 목표에는 '무엇을, 어느 정도, 언제까지'라는 3요소가 있다. '무엇을'이란 직접적인 목표를 가리키는 것으로 기대하는 결과의 내용과 항목을 나타낸다. '어느 정도'는 양이나 상태 등 기대하는 결과의 달성수준을 가리키는데, 이것은 특히 명확히 해야 한다. '언제까지'는 달성기한을 가리키는데, 달성수준을 완성시킬 시기를 말한다. 이것은 다음 표와 같이 설명할 수 있다.

구 분	언제까지 (학습시간)	무엇을 (학습내용)	어느 정도 (학습수준)
월간목표	이번 달 말까지 (5월)	수학 직육면체의 부피를	90점 이상 도달하도록 공부하기
주간목표	이번 주에는 (5월 3주)	직육면체의 부피 교과서 65~75쪽	문제를 모두 풀어보기
일일목표	오늘은 (5월 10일)	직육면체의 부피 교과서 65~66쪽	20문제 풀이하기

이와 같이 언제까지(학습시간) 무엇을(학습내용) 어느 정도(학습수준) 공부할 것인가가 명확해지면 목표달성에 대한 동기가 강해지고 그 목표에 도달할 가능성도 높아진다. 즉 아이들은 목표나 과제가 구체적으로 주어질 때 해결하려는 의욕이 높아진다는 말이다.

그런데 종종 아이들은 공부계획을 세울 때 '예컨대 2시부터 4시까지 수학 공부하기'와 같이 단순히 공부시간과 과목을 목표로 설정하는 경우가 있다. 이러한 방식의 목표설정은 공부습관과 성취를 높이는 데 별 도움을 주지 못한다. 시간은 목표의 한 요소일 뿐이며 가장 중요한 것은 달성수준이기 때문이다. 예컨대, 오후 2시부터 4시까지 2시간을 공부한다는 목표 대신 '수학 분수문제 20문제 풀기'와 같은 과제로 목표를 제시하는 것이 효과적이다.

목표를 잘 세우는 것은 공부의 절반이라 할 수 있다. 따라서 절대 무리한 목표를 세워서는 안 되며, 공부 일정표는 종이에 써서 잘 보이는 곳에 붙여두는 것이 좋다.

'약간 곤란한 목표'가 발휘하는 엄청난 효과

너무 쉬운 목표나 어려운 목표보다는 약간 곤란한 목표가 성취욕구를 더 자극한다. 이때 목표는 달성할 수 있는 양을 전제로 해야 하며, 자녀가 실현할 수 있는 정도의 난이도여야 한다. '능력+α'에 맞는 목표를 설정해야 자녀의 성취동기를 극대화할 수 있고 능력향상에도 도움이 되기 때문이다. 인간은 목표에 다가갈수록 서두르는 경향이 있다. 아이가 어디를 갔다가 돌아올 때 집 근처까지 다 와서 뛰기 시작하는 것은 이러한 이유 때문이다. 스스로 노력하면 손에 닿을 것 같은 목표는 의욕을 불러일으키며 성취감과 안정감, 사명감, 성장감을 모두 충족시킨다.

성취욕구가 강한 아이에게는 더 곤란한 목표를 제시해주어야 하고, 성취동기가 낮은 학생에게는 부담이 적은 목표를 제시해주어야 한다. 일단 아이가 목표에 도달하면 부모는 아이의 현재 수준보다 약간 곤란한 목표를 다시 제시해주어야 한다.

이때 반드시 부모가 아이와 함께 참여할 것을 권한다. 부모가 참여하면 아이는 목표를 보다 분명히 인지하게 되고, 부모가 자신의 학습과제를 알고 있다는 것 자체만으로 아이는 목표성취에 대한 책임감을 갖게 된다.

70점짜리 아이를 100점짜리와 경쟁시키지 마라

바다에서 잡은 생선을 싱싱하게 산 채로 운반하기 위해서 이동식 수족관에 생선의 천적인 메기 몇 마리를 함께 넣는다. 메기로부터 살아남기 위한 움직임 때문에 생선을 싱싱하게 산 채로 운반할 수 있기 때문이다.

이런 원리와 같이 적절한 경쟁은 공부 동기를 강화시킨다. 그러나 부모의 과욕에 의한 과도한 경쟁은 오히려 부작용을 불러올 수 있다. 적절한 수준의 경쟁이 가장 강한 동기유발 효과를 가져오고, 과도한 경쟁은 오히려 성취 동기를 감소시킨다. 하지만 대부분의 부모들은 70점 맞은 자녀를 100점 맞은 옆집 아이와 비교하면서 경쟁을 시키려고 한다. 이는 지나친 경쟁으로 성취동기를 유발시키지 못한다. 오히려 아이에게 좌절감을 줄 수 있다. 하지만 아이의 점수를 80점 맞은 아이와 비교한다면 아이는 "나도 그 정도는 할 수 있어!"라고 생각하며 공부를 열심히 하게 된다. 이것은 달리기 시합에서 다른 사람과의 차이가 적으면 혼신의 힘을 다해 뛰지만, 차이가 너무 많이 벌어지면 포기하고 마는 것과 같다.

또한 아이가 게을러지거나 긴장을 늦출 때에는 자녀보다 조금 못하지만 잠재력 있는 아이와 경쟁을 시켜서 추월당하지 않게 하는 전략도 필요하다.

아울러 자녀가 목표를 달성하기 위한 노력에 대해서는 반드시 피드백이 수반되어야 한다. 목표를 향해 가고 있는지, 목표도달 과정에 다른 어려움은 없는지 등을 파악해야 하며, 조정·조절·지원해야 한다. 노력에 대한 적절한 피드백은 학습동기를 높이고 나아가 성취수준을 향상시키기 때문이다.

학원과 과외가 자기주도학습의 발목을 잡는다

생각하는 힘을 키워줘라

공부는 생각하는 힘을 길러준다. 또한 생각하는 힘은 공부를 잘하게 만들수 있는 가장 강력한 힘이자, 우등생을 만드는 힘이다. 이처럼 생각하는 힘은 모든 것을 의지대로 바꿔놓을 수 있다. 학교와 가정에서 아이들을 가르치고 다양한 경험 기회를 제공하는 것은 모두 사고활동을 도와주는 것이고, 결국은 생각하는 힘을 길러주기 위한 것이다. 그런데 요즘 부모들을 보면 아이들의 생각까지 대신해주려는 경향이 있다. 여기서 분명히 알아두어야 할 것이 있다. 생각은 아이 스스로 해야 하고, 학교나 부모는 단지 생각을 하도록 도와주는 역할을 해야 한다는 것이다. 그래야만 아이 스스로 생각하는 힘을 기를 수 있다.

　오늘날은 내비게이션으로 어디든지 찾아가고, 계산기로 계산하고, 휴대폰에 전화번호를 저장하여 일일이 기억할 필요가 없다. 하지만 이것들로 인해 머리를 쓰지 않게 되면서 뇌의 기능이 떨어지고 있다. 인간의 단기기억력은 '해마'가 담당하고 장기 기억력은 '전두엽'이 담당하는데 계산기는 수리 기억력을 떨어뜨리고, 내비게이션은 사고활동을 방해하여 형상 기억력을 현저히 떨어뜨린다. 계산기나 내비게이션이 사람의 사고를 대신해주기 때문이다.

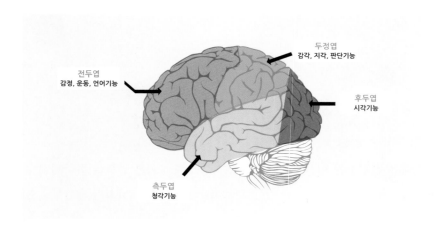

　공부도 마찬가지다. 공부는 아이가 스스로 사고활동을 하는 것인데 학원이나 과외가 아이의 사고를 대신해주면 아이들은 사고활동이 저하되고 뇌 기능이 점점 떨어져 스스로 공부할 수 있는 힘을 잃게 된다. 노래방 기기가 생겨 노랫말을 외우지 못하게 된 것이 좋은 예가 될 수 있다.

　공부를 잘하는 아이로 키우고 싶다면 스스로 많은 사고활동을 하도록 하여 생각하는 힘을 키워줘야 한다. 즉 뇌를 운동시켜야 한다는 말이다. 그런데 요즘 부모들은 아이의 사고활동을 도와주는 노력 대신에 학원이나 과외에 온통 마음이 가 있다. 이것은 체력을 키워야 할 높이뛰기 선수가 근력운동은 다른 사람에게 시키고 선수 자신은 높이뛰기 연습만 하는 것과 같다. 모든 공부는 아이의 생각과 힘으로 하게 해야 한다. 이런 점에서 학원이나 과외는 매우 위험하다.

학원과 과외는 자기주도학습에 독이다

사교육을 받은 집단과 받지 않은 집단을 5년 동안 추적조사하여 학업성취도 결과를 살펴보았다. 또한 독서량과 부모 직업군, 소득 수준, 학교 유형, 사교육 참여여부 및 유형, 지역 등 학업성취도에 미치는 변인들을 단계적으로 투입해 사교육 효과를 알아보았는데 그 효과가 별로 없는 것으로 나타났다. 또한 고3 때 사교육을 받은 학생들의 수능성적이 그렇지 않은 학생들보다 낮게 나온 연구결과도 있다. 즉 사교육은 학생들의 '생각하는 힘'과 자기주도학습 능력을 현저히 떨어뜨린다는 말이다.

학원에 의존해 학습한 학생일수록 '스스로 공부하는 법'을 모른다. 학원에서 영어나 수학문제의 풀이과정을 보는 것은 실제로 직접 생각하면서 풀어보는 것과 전혀 다르다. 두말할 것도 없이 사고활동에도 엄청난 차이를 가져온다. 야구를 잘하려면 야구를 구경하는 것보다 직접 해봐야 되는 것과 같은 이치다.

공부는 독서와 실험, 토론, 연습, 다른 사람에게 가르쳐주기 등의 방식으로 스스로 해야 가장 효과가 크다. 학원 선생님이 수학문제 푸는 것을 열 번 지켜보는 것보다 스스로 한 문제를 풀어보는 것이 더 효과적이라는 말이다.

학원이나 과외에 의존하는 것은 우리가 몸이 약할 때 영양제나 링거 주사약으로 영양을 공급받는 것과 같다. 그런 점에서 사교육은 일종의 항생제와 유사하다. 항생제는 당장 병을 낫게 하는 데는 효과적이지만, 장기적으로는 사람의 면역력을 떨어뜨리기 때문이다. 사교육은 단기적으로는 성적을 올리는 데 도움이 될지 모르지만 장기적으로는 생각하는 힘과 자기주도학습 능력을 떨어뜨리는 독약과 같다. 하지만 어쩔 수 없이 학원에 가든지 과외를 받아야 하는 경우가 있다.

사교육이 필요한 아이들은 따로 있다

학생이 공부를 못하면 학교에서는 이렇게들 말한다. 고등학교에서는 "저 학생은 이 학교 들어올 때부터 성적이 부진했어", "저 학생은 중학교 때부터 성적이 나빴어"라고 말하고, 중학교에서는 "저 학생은 초등학교 때부터 성적 부진 학생이야"라고 말한다. 초등학교에서는 "이 학생은 입학할 때부터 공부를 못했어" 혹은 "유치원 때도 그랬어"라고 말한다. 유치원에서는 "저 아이는 집이 원래 그래", "유전적으로 그 집 아이들은 모두 머리가 나빠"라고 책임을 전가한다. 자, 그렇다면 아이가 공부를 못하는 것은 과연 누구 탓일까?

상급학년으로 올라갈수록 공부를 못하게 된 것은 주로 선수학습의 결손이 누적되었기 때문이다. 선수학습은 어떤 내용을 학습하기 위해 반드시 미리 학습해야 하는 것으로, 선수학습이 제대로 이루어지지 않은 상태에서는 교사가 아무리 잘 가르쳐도 학생이 그 내용을 이해할 수가 없다. 예컨대 '27−13(두 자리 수−두 자리 수)'을 하지 못하는 학생은 '7−3(한 자리 수−한 자리 수)'부터 다시 공부해야 한다. '두 자리 수−두 자리 수'의 학습은 '한 자리 수−한 자리 수'의 선수학습이 이루어졌을 때 가능하기 때문이다.

기본회화도 못하는 학생에게 고급영어 듣기시간은 얼마나 답답하겠는가? 선수학습이 안 된 상태에서는 학생들은 멍하니 앉아 있게 마련이다. 따라서 능력별 · 수준별로 학생들을 가르쳐야 한다. 그러나 현실적으로 교실에서 수준별 수업을 하기란 쉽지 않다. 아니, 교사 한 명이 35명이 넘는 학생들에게 수준별 수업을 해준다는 것은 불가능에 가깝다. 따라서 선수학습은 가정에서 부모가 해야 할 몫이다. 그런데 그럴 수 없다면 부득이하게 학원에서 아이 수준에 맞게 배우도록 하거나 과외를 시켜서라도 수업을 따라잡을 수 있게 해야 한다. 즉 사교육이 필요한 것은 이런 경우에 한해서라는 말이다. 이 사실을 뒤집어 생각해보면 초등학교 때부터 선수학습의 결손이 없게 하면 중 · 고등학교 때 학원이나 과외공부를 받을 필요가 없다는 말이 된다.

4장

책을 좋아하는 아이가 공부도 잘한다

아이들이 원치도 않는 책을 사다 안겨주고는

"이 책이 얼마나 비싼 책인 줄 아니? 이번 방학 동안 다 읽어야 한다. 독후감도 다 쓰고……" 이런 식으로 겁을 주는 부모들이 있다. 그러고는 책을 읽었나 안 읽었나를 검사하고, 독후감 양식을 정해주고 그것을 검사하는 부모도 있다. 그러한 이런 태도는 아이의 독서 의욕을 심각하게 저해할 수 있다. 그런 아이들에게 책은 책이 아니라 무거운 짐으로 느껴질 것이다.

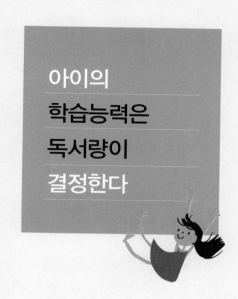

아이의 학습능력은 독서량이 결정한다

독서는 학습능력을 길러주는 보약이다

아이들이 컴퓨터게임을 할 때와 공부할 때의 눈빛을 비교해보라. 아이들은 컴퓨터게임을 할 때에는 눈빛이 살아있지만 공부할 때는 눈의 초점이 흐려지고 금방 주의가 산만해진다. 게임을 할 때에는 컴퓨터를 즐길 수 있는 힘이 있어 집중도가 높아지지만, 공부를 할 때는 끈기가 부족하여 눈의 초점이 흐려지는 것이다.

그러면 공부를 잘할 수 있는 힘은 과연 무엇일까? 공부를 잘할 수 있게 하는 힘은 기초지식, IQ, 이해력, 사고력과 상상력 등에서 나온다. 이러한 힘을 학습능력이라고 하는데, 학습능력이 있어야 공부에 몰입할 수 있다.

몰입이론의 대가인 미하이 칙센트미하이 교수는 몰입을 다음과 같이 설명했다.

"몰입이란 어떤 일에 집중해서 내가 나임을 잊어버리는 심리적 상태를 의미한다. 몰입 상태가 되면 본인은 행복한지 그렇지 않은지 모른다. 하지만 그 상태가 끝나면 자아가 확장되는 느낌을 갖게 된다."

학습능력이 있으면 공부에 몰입하게 되고 몰입에서 깨어나면서 공부의 즐거움을 맛보게 된다. 내가 나임을 잊어버리는 지경까지 공부에 몰입할 수 있으려면 공부할 수 있는 힘이 있어야 한다는 말이다. 그렇다면 우리나라 학생들의 학습능력 수준은 어느 정도일까?

15살부터 24살까지 우리나라 학생들의 공부시간은 OECD 국가 학생들의 평균보다 14시간이나 더 많은 것으로 조사됐다. 하지만 학생들의 학습능력은 OECD 국가 32개국 중 27위로 하위 수준이다.

공부하는 시간량은 많은데 학습능력이 떨어지는 이유는 무엇일까? 그것은 바로 독서량이 부족하기 때문이다. 독서는 공부를 잘할 수 있는 힘을 길러준다. 학습의 기초체력과 학습능력을 길러주고, 최종적으로 학생의 학업성취를 높여주는 보약이나 영양제와 같아서 어려서부터 누가 책을 많이 읽었느냐에 따라 학습능력이 결정된다.

일류대에 입학한 학생들과 성공한 사람들의 공통된 특징을 살펴보면 책을 많이 읽었다는 것이다. 도대체 독서가 어떤 학습능력을 길러주기에 일류대학 진학을 가능하게 하고 사회적으로도 성공을 하게 만드는 것일까?

독서와 컴퓨터게임의 뇌 활동 비교

독서를 하면 무엇보다도 머리가 좋아진다. 일본 도호쿠 대학의 가와시마 후토시 교수는 초등학생 10명에게 동화책을 2분간 소리 내어 읽게 한 뒤 기억력 검사를 실시했다. 그리고 열흘 정도가 지난 후에 책을 읽은 집단과 그렇지 않은 집단의 기억력을 조사해 보니 책을 읽은 집단의 기억력이 10~20퍼센트 높게 평가되었다.

또한 학생들에게 독서, 트럼프게임, 음악 감상 등 100가지의 과제를 주고 그 과제를 해결할 때 뇌의 활동에 어떠한 변화가 있는지 MRI를 통해 확인하였다. 그 결과 독서를 할 때 뇌의 광범위한 부위가 빨간색으로 나타났다. 뇌가 붉은색을 띠는 것은 두뇌 전체에 흐르는 피의 양이 늘어나고 혈류의 속도가 빠르다는 것을 나타내는 것이다. 반면 음악을 들을 때는 미세한 변화만이 감지되었고 트럼프게임을 할 때는 이렇다 할 변화가 없는 것으로 나타났다.

또한 일본 뇌신경 과학계의 권위자인 모리 아키오 교수팀은 게임을 매일 2~7시간 하는 아이의 경우 뇌 활동상태를 나타내는 뇌파가 전두전야에서 거의 감지되지 않았음을 밝혀냈다. 즉 게임을 할 때는 뇌가 활발히 활동하지 않는다는 것을 의미한다.

뇌의 전두전야란 뇌의 앞부분에 있으면서 고도의 지식이나 기술을 처리하는 사령탑과 같은 부분이다. 전두전야는 창조성, 사고력, 의사소통(커뮤니케이션) 등에 직접적인 영향을 주는 영역으로, 이곳이 발달되지 않으면 성인이 어린아이 같은 행동을 하게 된다. 그런데 심각하게 생각해야 할 것은 아이들이 컴퓨터게임을 많이 하면 전두전야의 발달이 이루어지지 않는다는 점이다.

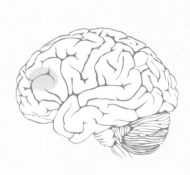

뇌의 전두전야
뇌의 앞부분에 있으며
고도의 지식이나 기술을
처리하는 사령탑

독서는 이해력의 발판이 된다

교과서는 아이들이 꼭 배워야 할 내용을 담고 있는 하나의 그릇과 같다. 하지만 엄밀히 따지고 보면 교과서에 있는 지식은 아이들의 발단단계에 따라 습득해야 할 지식의 1퍼센트도 채 안 된다. 나머지 99퍼센트의 지식은 독서와 경험을 통해서 얻어야만 한다.

독서는 돈을 들이지 않고 얻을 수 있는 지식의 보물창고이다. 독서를 하면 지식이 확장된다. 이는 기존의 지식요소 간의 결합을 통해 새로운 지식을 만들어내기 때문인데, 이를 지식의 생성이라고 한다. 책을 많이 읽으면 읽을수록 지식요소 간의 결합을 통해 더 많은 지식을 생성할 수 있다. 예컨대, 독서를 통해 A=B라는 사실과 B=C라는 사실을 발견했다면 자연스레 A=C라는 사실까지 알게 되는 것과 같다. 이것은 집에서 반찬을 만들 때 식재료가 다양하면 많은 종류의 반찬을 만들 수 있는 것과 같은 이치다.

또한 독서를 통해 학습능력의 바탕이 되는 이해력을 높일 수 있다. 이해력의 기본은 어휘력인데, 어휘력이 우수하면 의미를 보다 빨리 정확하게 파악할 수 있다.

예를 들어 수능에서 언어영역 시험지를 풀 때, 이해력이 우수한 학생은 짧은 시간에 긴 지문의 요지를 단숨에 파악하여 문제를 풀어나간다. 하지만 이해력이 부족한 학생은 긴 지문을 중간쯤 읽다가 앞에서 읽은 내용이 무슨 내용인지를 잊어버리거나 글을 다 읽고도 요지를 파악하지 못해 다시 처음부터 읽게 된다. 이것은 비단 언어영역뿐만 아니라 수리, 외국어, 사회 등 모든 교과 영역에서도 마찬가지다.

독서는 창의력의 기본이 된다

많은 책을 읽어서 다양한 분야에 대한 지식을 쌓게 되면 새로운 상상의 세계가 펼쳐진다. 이렇게 독서를 통해 길러진 상상력은 무궁무진한 가능성으로 연결되어 창의력의 바탕이 된다. 상상본능이 언어로 발현되면 문학이 되고, 리듬으로 발현되면 음악이 되며, 이미지로 발현되면 조형예술이 되는 것이다.

아랍에미리트의 '두바이'는 놀라운 상상력으로 사막의 볼품없던 도시를 세계적인 관광도시로 발돋움시켰다. 세계의 모든 고급호텔이 별 다섯 개인 오성호텔인데 두바이에서는 별 다섯 개란 고정관념을 깨고 별 일곱 개를 붙인 세계 유일의 최고급 칠성호텔 '버즈 알 아랍'을 만들어 세계의 부자들을 끌어들이는 데 성공했다.

또한 세계에서 가장 높은 바벨탑이 된 190층의 빌딩 '버즈 두바이'를 만들었고 야자수 모양을 본떠 만든 인공 섬 '팜 아일랜드'와 섬 300개로 그린 세계지도 '더 월드'를 만들어 분양하는 데 성공하였다.

이 외에도 해저호텔과 사막 한복판에 스키장을 만들어 관광객을 끌어들이고 있다. 이러한 두바이의 모습은 두바이의 통치자인 셰이크 모하메드의 상상력을 바탕으로 만들어진 것인데, 그는 독서를 통해 이러한 상상력을 갖게 되었다고 말한다.

지금 우리는 물리적 힘이 지배하던 농경사회, 기술력이 이끌어가던 산업사회를 지나 지식과 정보가 우선시되는 지식정보화 사회를 살아가고 있다. 미래학자 롤프 옌센은 지식정보화 사회 다음에는 드림 소사이어티Dream Society가 도래할 것이라고 예언했다. 드림 소사이어티는 말 그대로 꿈과 감성, 이야기의 힘이 주도하는 사회로, 그는 이러한 사회를 이끌어가는 주된 힘이 '상상력'이라고 말한다. 해리포터를 저술한 작가 조앤 K. 롤링은 "이 세상을 바꾸는 데 마법의 힘은 필요치 않다. 상상력의 중요성에 눈을 떠야 한다"라고 말한 바 있다. 그 상상력은 바로 독서의 힘으로 만들어진다.

또한 독서를 통해 아이의 재능을 발견할 수도 있다. 1978년 앤더슨과 피어트는 '100년 동안 비어있는 낡은 성을 탐험하는 소년들의 이야기'를 써서 학생들에게 읽히는 상상을 하였다. 그들은 학생들을 두 그룹으로 나누어 각기 다른 교실로 들어가게 하고, 한 그룹에게는 자신이 '복덕방 주인'이라고 생각하면서 책을 읽게 하고, 다른 한 그룹에게는 자신이 '도둑'이라고 생각하며 책을 읽게 하였다. 책을 다 읽고 난 뒤에 아이들에게 생각나는 것을 적어보라고 했더니 '복덕방 주인'이라고 생각하며 책을 읽은 학생들은 못이 빠진 마룻장의 수, 깨진 유리창의 수, 물이 새는 천장의 위치 등을 적어 놓았고, 자신이 '도둑'이라고 생각하며 책을 읽은 학생들은 보석함의 위치, 도자기의 위치, 숨을 수 있는 골방과 탈출할 수 있는 비밀통로의 위치 등을 적어 놓았다고 한다. 이것은 자신의 머릿속에 담겨 있는 스키마^{schema}(배경지식)의 종류에 따라 책의 내용을 다르게 파악한다는 것을 말해준다.

이와 같이 자녀의 재능과 관심은 책을 통해서도 확인할 수 있다. 아이에게 다양한 분야의 책을 수십 권 읽게 한 후에 독후감이나 독서감상문을 쓰게 하든지 독서토론회를 열면 그 내용을 통해 아이의 재능과 적성을 찾아낼 수 있다는 말이다.

책을 좋아하는 아이는 엄마가 만든다

어떻게 하면 책 읽기를 좋아하게 할 수 있을까?

책을 좋아하는 아이로 키우려면 두말할 것도 없이 어릴 때부터 책을 많이 읽어주어야 한다. 한 연구결과에 따르면 출산 한 달 전에 특정 동화책을 읽어주었더니 아이가 태어나서도 그 책을 좋아했다고 한다. 아이가 커서 책을 좋아하느냐 싫어하느냐는 어린 시절 책에 대한 좋은 기억을 얼마나 많이 가지고 있느냐에 달려 있다. 따라서 책을 읽어주는 부모의 모습, 어머니의 부드러운 목소리, 책이 많은 가정 분위기 등의 기억이 아이의 독서습관을 기르는 데 일차적인 영향을 미친다고 할 수 있다.

그렇다면 독서는 언제부터 시작하는 것이 좋을까? 책은 취학 전인 네 살

전후부터 본격적으로 읽히는 것이 좋다. 이때는 그림책을 읽게 해야 하는데, 글자로 줄거리를 파악하는 책이 아니라 그림을 통해서 이야기를 끄집어내는 책이어야 한다. 그림책에 글자가 있는 경우에는 아이에게 글자를 따라하도록 가르치기보다 스스로 중얼거리면서 책 속의 이야기를 아이 스스로 구성해볼 수 있도록 안내하는 것이 좋다. 이러한 과정을 거친 아이는 자연스럽게 그림책에 쓰여 있는 글자에 호기심을 갖게 되는데 바로 이 시기부터 글자에 대한 지도를 시작하면 된다.

독서는 기본적으로 어느 특정 분야에 국한되어서는 안 되며 다양한 분야의 책을 많이 읽도록 해야 한다. 하지만 책 읽기를 좋아하지 않는 아이에게는 한 권의 책을 읽게 만드는 것도 쉬운 일이 아니다. 이런 경우에는 다음과 같은 단계로 책을 읽게 해야 아이들이 독서에 쉽게 빠져들 수 있다.

책을 읽히는 단계
학습만화
그림 위주의 책 〉 글 위주의 책
그림 위주의 책 〈 글 위주의 책
글만 있는 책

첫 번째 단계는 학습만화를 중심으로 읽도록 지도하는 것이다. 학습만화는 과학, 역사, 한자 등 자칫 딱딱하게 느껴질 수 있는 지식들을 흥미롭게 구성하여 전달하기 때문에 독서생활 입문용으로 좋다. 그러나 지속적으로 학습만화만 읽게 해서는 곤란하다. 학습만화는 어휘력과 상상력을 길러주는

데 한계가 있기 때문이다. 예컨대 '을지문덕 장군은 번쩍이는 갑옷을 입고 준마에 올라 적진을 향해 쏜살같이 달려갔다'는 내용이 학습만화에서는 의성어 "쌩!"이라는 한 글자로 표현된다. 독서에 관심을 가지고 있는 부모들이 학습만화를 꺼리는 이유가 바로 여기에 있다.

두 번째 단계는 글보다 그림 위주의 책을 읽히고, 세 번째 단계는 그림보다 글 위주의 책, 마지막 단계에서 글로만 구성되어 있는 책을 읽도록 지도하면 된다.

또한 일반적으로 전집보다는 두께가 얇은 단행본부터 읽히는 게 좋고, TV 등의 매체에서 소개되어 제목을 알고 있는 책부터 읽게 하는 것이 올바른 방법이다. 차츰 독서연령이 높아지고 독서를 좋아하기 시작하면 아이의 관심과 욕구를 고려하여 읽게 하고, 고전은 물론 과학, 역사, 지리, 경제 등으로 점점 독서 영역을 확대시켜야 한다.

좋은 책을 골라주는 기본 원칙

아직 세상 체험이 많지 않은 어린이들의 머릿속에 한 번 그려진 그림은 잘 안 지워진다. 따라서 부모들은 아이들에게 좋은 책을 골라주어야 할 의무가 있다. 동화를 중심으로 내용에 따른 각 분야별 책들을 골라주는 기본 원칙을 소개한다.

영원하고 보편적인 가치관을 담은 동화

열 살에 읽을 때는 좋았는데 스물 살에 읽으면 다소 지루하게 느껴지는 보편적인 동화책으로『선녀와 나무꾼』,『의좋은 형제』,『백설공주』,『어린 왕자』 등이 이 유형에 속한다.

성장 이야기를 담은 동화

대개 영웅전이 이에 속하는데, 주인공이 가족을 떠나 생명의 위협을 받는 갖가지 시련 속에서도 적과 용감히 싸워 큰 공을 세우고 금의환향하는 이야기다. 대표적인 예로『엄마 찾아 삼 만리』가 있다.

상승 모티브를 담은 동화

좋은 문학작품에는 인간의 불안감이나 고통, 마음속의 갈등을 씻어주고 보다 행복한 세계로 인도하는 요소가 들어 있다.

대표적인 예로 안데르센의『미운 오리 새끼』가 있는데, 이 책은 독자가 책을 읽는 내내 주인공과 자신을 동일시하게 된다. 그래서 미운 오리 새끼가 배고픔과 외로움에서 벗어나 하늘로 훨훨 날아오를 때는 읽는 이도 함께 행복을 느끼면서 밝은 세계를 간접적으로 경험하게 된다.

감동이 담긴 동화

'위대한 작가는 위대한 교육자이다. 그러나 위대한 교육자라고 해서 다 위대한 작가는 아니다.'

이는 문학의 교육성을 잘 설명하는 말로, 문학의 교육성은 작품의 결과이지 목적이나 의도가 될 수 없다는 뜻을 담고 있다.

우리나라의 아동문학이 추구하고 있는 교육성은 권선징악의 선의식(善意識)이라는 특성을 갖는다. 이를테면 『콩쥐팥쥐』나 『흥부놀부』에서와 같이 마음씨 착한 이들이 끝내는 복을 받는다는 이야기들이다.

그러나 우리의 실제 인생은 어떤가? 착하지 않고 고분고분하지 않던 아이가 착하게 되는 과정이 더 교육적이고 감동적이지 않은가. 예를 들면 말썽꾸러기 '톰 소여'와 제멋대로인 '피노키오' 이야기가 그렇다. 이러한 차이는 어디에서 오는 것일까? 바로 문화와 생각, 정서의 차이에서 비롯된다. 서구인들은 독창성과 진취성, 창의성, 용맹성을 가장 아름다운 것으로 여기고 높은 점수를 준다. 그래서 에베레스트를 최초로 정복한 사람과 최초로 세계일주를 한 사람, 남극을 최초로 탐험한 사람 등을 높이 평가하는 것이다.

암시적 발단이 있고 열린 결말이 담긴 동화

좋은 발단은 궁금증을 불러일으키며 시작이 흥미롭고 발단이 간결하다. 보통 3분에서 5분 안에 아이들을 매료시켜야 좋은 동화라고 할 수 있다. 또한 결말이 명확하지 않아서 독자들의 호기심을 자극하는 열린 결말의 동화는 상상력이 풍부하고 성장의 욕구가 충만한 어린이들에게 필수적이다.

남다른 주인공이 등장하는 동화

작품에서 독자가 제일 먼저 만나는 것은 스토리나 주제가 아니라 인물이다. 따라서 주인공에게 매력이 있어야 이야기에 흥미를 갖게 된다. 매력 있는 주인공은 우리의 의식을 지배하고 인생 전체에 영향을 끼친다. 예를 들면 『폭풍의 언덕(히드클리프)』, 『닥터 지바고』, 『바람과 함께 사라지다(스칼렛)』, 『빨간머리 앤』, 『말괄량이 삐삐』 등이 그렇다. 다시 말해 위대한 문학작품은 위대한 주인공의 창조를 의미한다.

그림에 이야기가 들어 있는 동화

글씨 없이 그림만 보아도 이야기가 술술 나올 수 있는 동화는 이야기하지 못하는 부분까지 보완해줌으로써 내용을 더욱 풍부하게 한다. 예를 들면 『지각 대장 존』, 『괴물들이 사는 나라』, 『펠레의 새 옷』 등이 그렇다.

아름다운 장정이 담긴 동화

주인공의 일대기나 모험을 시간의 흐름 또는 사건의 흐름에 따라 길게 나타낸 동화이다. 다만 페이지가 너무 많아서 단시간에 읽기 힘든 책이라면 아이의 나이와 집중도를 고려해 부모가 선별해서 읽히는 것이 좋다.

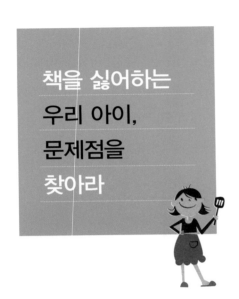

책을 싫어하는 우리 아이, 문제점을 찾아라

책을 좋아하는 아이로 키우는 법

첫째, 엄마나 아빠가 아이에게 책을 읽어주는 기회를 늘리자.

"엄마, 책 읽어 줘."

"어휴, 너 이제 읽을 줄 알잖아. 혼자 좀 읽어 봐."

아이가 글자를 읽을 수 있는데도 계속 책을 읽어주면 혹시 아이 스스로는 책을 안 읽게 되지 않을까 걱정하는 부모들이 있다. 간혹은 글자를 빨리 익히게 하려는 욕심에서 혼자 읽게 하는 부모도 있다.

아직 글자를 유창하게 읽지 못하는 아이에게는 문자해독(글자 읽기)이 매우 큰 부담이 된다. 그런데 엄마가 책을 읽어주면 아이는 그 부담을 덜면서 재미와 감동을 맛볼 수 있고, 책이 얼마나 좋은지를 체득하게 된다. 그리고 엄마와의 피부접촉을 통하여 무의식중에 사랑을 느끼게 된다.

여덟 살, 여섯 살, 그리고 네 살. 이렇게 세 자녀를 둔 이웃의 한 부인이 내게 말을 건넸다.

"고맙게도 브렌든이 혼자 책을 읽게 됐어요. 이제 더 이상 책을 읽어주지 않아도 되니 얼마나 다행이에요."

'오, 가여운 부인 같으니라구!'

여덟 살 먹은 브렌든이 혼자서 읽을 수는 있겠지만 아직까지도 엄마가 책을 읽어주기를 그 아이는 원하고 있을 것이다. 아이는 엄마가 책을 읽어주는 동안 곁에 꼭 붙어 앉아서, 비록 동생들이 자신의 자리를 위협한다 하더라도 엄마에게 여전히 자신이 중요한 사람이라는 것을 확인하고 안심하고 싶은 것이다.

자녀가 혼자 책을 읽게 되었다는 사실에 관계없이, 부모들은 큰소리로 자녀에게 책을 읽어주어야 한다. 도서관 직원이 큰소리로 아이들에게 책을 읽어준다고 해도, 부모는 집에서 책을 읽어주어야 한다.

도서관에서 여럿이 모여 이야기를 듣는 것은 집에서 아버지나 어머니로부터 이야기를 듣는 것과는 비교가 되지 않는다. 이때 부모와 자식은 사랑이라는 이름의 튼튼한 믿음의 줄로 이어진다.

『엄마가 어떻게 독서지도를 할까』중에서

책 읽어주기는 유치원 아동이나 초등학교 저학년 어린이뿐 아니라 고학년 아이에게도 필요하다. 때로는 우리 어른들도 아름다운 문장을 성우의 목소리를 통해 들을 때, 또는 친구의 음성을 통해 들을 때 새로운 감동을 맛본다. 특히 책을 좋아하지 않는 고학년 아이는 엄마가 옆에 앉아서 책을 읽어주면 큰 효과를 볼 수 있다.

아버지가 책을 읽어주면 더 좋다. 엄마의 양육태도보다는 아버지의 양육태도가 자녀들의 성취동기에 더 큰 영향을 미치기 때문이다. 아버지가 먼저 즐거운 이야기를 들려주고 활동을 함께 하면서 관심을 기울이면 아이들은 더욱 명철하고, 창조적이며, 상상력이 풍부하고, 능력 있고, 성취력이 있는 아이로 자라게 된다.

둘째, 아이가 책을 읽을 때는 엄마도 함께 책을 읽자.

아이가 책을 읽을 때는 엄마나 아빠도 자기 책을 읽어야 한다. 책이 없으면 신문이라도 읽어야 한다. 아이에게는 책을 읽게 하고 엄마는 드라마를 보고 있으면 아이는 눈으로는 책을 읽으면서 머릿속은 다른 곳을 여행하게 된다.

책 읽는 시간을 함께 하는 데서 한발 더 나아가 아이가 읽는 책을 엄마나 아빠가 같이 읽으면 더 좋다. 그렇게 하면 책을 읽고 나서 책의 내용에 대해 가족끼리 깊이 있는 대화를 나눌 수 있기 때문이다.

요즘 아이들 책 중에는 어른이 읽어도 깊은 감동을 느낄 수 있는 책이 많다. '동화 읽는 어른들의 모임'의 엄마들은 반드시 자기가 먼저 책을 읽어보고 아이에게 권한다. 그리고 아이와 같이 책에 대한 대화를 나눈다.

동화나 위인전을 읽다 보면 주인공이 겪는 일이나 상황, 감정이 아이의 생활에서 겪는 체험과 비슷할 때가 많다. 때로는 동화책에 등장하는 인물의 부모자식 관계가 현실의 부모자식 관계를 닮아 있는 경우도 있다. 이때 책의 내용과 주인공의 삶에 대한 느낌, 등장인물의 문제점 등에 대해 심도 있는 대화를 나눌 수 있다면 이보다 좋은 독서교육은 없을 것이다.

셋째, 학교에서도 모든 구성원이 함께 책 읽는 시간을 정하여 매일 실천해 보자.

아침 자습시간 30분을 '책 읽는 시간'으로 정해서 담임 선생님, 교장 선생님, 행정실 직원, 기사 아저씨 등 모든 사람이 자기가 좋아하는 책을 골라 매일 조용히 읽는 것이 좋으며, 1년 내내 지속적으로 하는 것이 효과적이다. 이 방법은 미국에서 어린이들의 독서태도 형성에 매우 큰 효과를 보았던 것으로 밝혀졌다.

우리나라의 어느 독서 시범학교에서 이 방법을 시행해 봤는데, 결과는 아쉽게도 실패로 끝났다. 처음에는 매우 잘 되었다고 한다. 그러다가 4월쯤 되어 연구부장 선생님이 너무 바빠서 책 읽는 시간에 조용히 자기 일을 하기 시작했다. 그러다가 교감 선생님도 조용히 자기 일을 하고, 담임 선생님도 아이들이 책을 읽는 동안 교실에서 조용히 밀린 업무를 처리하였다. 행정실 여직원도, 기사 아저씨도 조용히 자기 일을 하였다. 결과는 어땠을까? 아이들도 조용히 밀린 숙제를 하고 조용히 딴 생각을 하였다. 그렇게 독서 시간은 유명무실해졌다.

넷째, 책 읽기를 어려워하는 아이들에게는 사건 전개가 빠른 이야기를 먼저 권해보자.

만화나 명랑동화와 같이 말초적인 재미에 길들여진 아이들에게 풍경을 아름답게 묘사한 동화나 등장인물의 심리상태나 분위기를 자세히 묘사한 동화, 훌륭한 인물의 일생을 특징 없이 나열해 놓은 위인전은 따분할 수밖에 없다. 이런 아이들에게는 사건 전개가 빠르고, 등장인물의 심리변화를 실감나게 묘사한 동화, 어린이들의 생활을 실감나게 그린 동화를 찾아 읽히는 도움이 필요하다.

책을 싫어하는 아이로 키우는 잘못된 습관

첫째, 아이에게 독서 수준이 높은 책을 권한다.

주로 지적 수준이 높은 부모들이나 아이의 교육에 관심이 많은 부모들이 이런 실수를 한다. 이런 부모들은 자기도 모르게 아이가 수준 높은 책을 읽기를 바란다. 그림도 많고 큰 글자로 된 책을 읽으면 부모로서 자존심이 상해서 은근히 어려운 책을 권하거나, 때로는 억지로 수준 높은 책을 읽게 한다. 이런 경우는 몸에 맞지 않게 큰 옷을 입힌 것처럼, 혹은 발에 맞지 않게 큰 신발을 신긴 것처럼 아이들이 힘겨워하고 독서태도 형성에도 역효과를 가져온다. 단언컨대, 독서는 아이의 선택을 존중해주고, 아이의 수준보다 약간 쉬운 책(그림도 많고, 글자도 큰 책)을 읽히는 것이 더 좋다.

둘째, 아이가 좋아하지 않아도 학습에 도움이 될 것 같은 책, 사고력 계발에 효과가 있을 것 같은 책을 강제로 읽힌다.

이런 책은 정말로 좋은 책이라고 검증이 된 경우, 또 아이와 의논이 잘된 경우(아이도 동의하는 경우)에는 도움이 될 수 있지만, 부모가 일방적으로 골라서 억지로 읽히는 경우라면 그 효과는 의심스러울 수밖에 없다.

셋째, 책을 읽을 때 필요 이상으로 잔소리를 한다.

아이가 엎드려서 책을 보거나 비스듬히 누워서 책을 읽으면 부모들은 이렇게 말한다.

"또, 또, 엎드려서 책 본다. 다솜아, 좀 똑바로 앉아서 보면 안 되니? 그래서 너 눈이 나빠졌잖아."

아이가 공부에 도움이 안 되는 책이나 만화책을 읽고 있으면 또 잔소리를 한다.

"넌 책을 읽어도 꼭 그런 책만 보니? 이리 내. 갖다 버리게!"

제발 아이들을 옭아매지 말자. 가끔은 만화책을 보고 싶을 때도 있고, 편한 자세로 읽고 싶을 때도 있는 법이다. 물론 바른 자세로 읽는 것이 좋고, 흥미 위주로만 책을 읽는 것은 좋지 않다. 그렇다고 그럴 때마다 감정적으로 잔소리를 하면 아이는 책에서 점점 멀어지게 될 것이다. 특히 책에 빠져서 한참 재미있게 읽고 있을 때는 참았다가 그 시간이 지난 다음에 조용히 반성하는 자리를 갖는 것이 좋다.

넷째, 비싼 전집물을 사놓고 억지로 읽힌다.

그 책을 사지 않으면 무식한 부모, 혹은 자녀교육에 무관심한 부모로 취급할 것 같은 책장수의 달변에 넘어가 비싼 전집물을 들여놓고 월부 책값이 아까워 억지로 읽히는 부모들이 있다. 호화 장정과 번지르르한 명사들의 그럴듯한 추천사에 귀가 솔깃해 비싼 전집물을 사놓고는 매달 내는 책값이 부담이 되고 장사꾼에게 속았다는 생각이 들 때쯤이면 그 화풀이가 고스란히 아이들에게 돌아간다.

한 엄마는 집안 형편에 무리가 되는 비싼 책값을 감수하고 전집을 들여놓았다. 그런데 아이가 가끔 책을 잘 찢었다. 그때마다 화가 치밀어서 아이를 마구 때려주었다. 그러고도 분이 안 풀려서 이렇게 좋은 책을 찢는 아이에게는 다시는 책을 사줄 필요가 없다는 생각이 들었고, 그 뒤에는 책을 제대로 사주지 않았다. 그러다 보니 아이도 책을 읽지 않게 되었다. 그 아이는 지금도 통 책을 읽지 않는다.

그리고 책을 살 때 될 수 있으면 전집보다는 단행본을 사는 것이 좋다. 아이와 함께 서점에 가서 꼭 보고 싶은 책을 아이 스스로 고르게 해보자.

다섯째, 책을 읽힌 다음 독후감 쓰기를 강요한다.

아이들이 원치도 않는 책을 사다 안겨주고는 "이 책이 얼마나 비싼 책인 줄 아니? 이번 방학 동안 다 읽어야 한다. 독후감도 다 쓰고······" 이런 식으로 겁을 주는 부모들이 있다. 그러고는 책을 읽었나 안 읽었나를 검사하고, 점입가경으로 독후감 양식을 정해주고 그것을 검사하는 부모도 있다. 그러나 이런 태도는 아이의 독서 의욕을 심각하게 저해할 수 있다. 그런 아이들에게 책은 책이 아니라 무거운 짐으로 느껴질 것이다. 게다가 어른이 되어서도 책이라면 고개를 돌리는 사람이 되기 쉽다. 또 책을 재미있게 다 읽은 아이에게 갑자기 독후감을 강요하면 아이는 엄마의 한마디에 독서의 감동이 사라지고 말 것이다. 독후감을 꼭 쓰게 하고 싶을 때는 책을 읽은 소감을 자연스럽게 구체적으로 물어보고, 그 대화를 바탕으로 독후감을 쓰게 하면 독후감의 부담을 조금 덜어낼 수 있다.

여섯째, 강제적이고 타율적인 독서지도를 한다.

1970년대에는 정치적 목적이 의심되는 '자유 교양도서 읽기', '고전 읽기' 등이 성행한 적이 있었고, '반공도서 읽기', '새마을문고 읽기' 등도 반강제적으로 시행되었다. 요즘도 '과학도서 읽기 대회'나 '충효도서 읽고 독후감 쓰기 대회' 등이 열리고 있다는데, 이런 행사 위주의 독서지도는 단기적으로는 효과가 있을지 모르지만 장기적으로 볼 때는 어린이의 독서 의욕을 떨어뜨린다.

일곱째, 무조건 빨리, 그것도 많이 읽게 한다.

최근 한때 속독이 유행한 적이 있다. 속독학원에서는 눈동자 움직임을 연습하게 하고, 정확한 행 바꿈을 숙달시키는 훈련, 심하면 책장을 빨리 넘기는 연습도 시킨다. 이와 같은 훈련을 열심히 받은 아이들은 서점에 선 채로 동화책 한 권을 금방 읽고 나온다. 그러나 이런 속독법은 아주 쉬운 책, 가벼운 읽을거리 등에는 효과가 있을지 모르지만 내용이 조금만 어려워지면 눈동자의 움직임을 사고의 속도(이해의 속도)나 기억의 심도 등이 따라가지 못한다. 그리고 천천히 음미하면서 읽어야 할 책, 감동을 느끼면서 읽어야 할 책의 경우에는 전혀 도움이 되지 않는다. 속독은 많은 책을 읽은 독자가 자연스럽게 저절로 터득하게 되는 기술일 뿐이다.

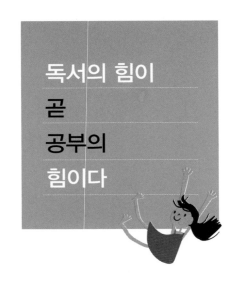

독서의 힘이 곧 공부의 힘이다

일등 독서법이 학력평가 일등을 만들다

일본의 아키타 현은 우리나라의 강원도와 같은 산골지역인데 전국학력평가에서 대도시를 제치고 연속 1위를 차지했다. 학생들의 학력을 높인 요인에는 여러 가지가 있었는데, 그중에 독서가 학력을 끌어올리는 데 주요한 역할을 하였다. 그 과정은 이러했다.

첫째, 학교에서 독서 과제를 제시하였다. 즉 독서를 해야 해결할 수 있는 과제를 제시한 것이다. 예컨대, '곤충의 한살이'에 대해 공부할 때 장수풍뎅이에 관한 책을 읽고 곤충이 알에서 애벌레, 번데기, 성충으로 바뀌면서 자라는 변태 과정을 정리하는 과제를 내준 후에 그것을 토대로 발표나 토론식 수업을 전개하였다. 또한 매일 아침 10~15분씩 아침독서를 생활화하였다. 아침독서는 아이들이 직접 고른 책을 읽게 하였는데, 수업이 시작되기 전에 아이들을 공부에 집중시키는 데 효과적인 역할을 하였다.

둘째, 부모가 책을 읽어주는 것을 일상화하였다. 어릴 적부터 부모가 책을 읽어주면 틀림없이 독서하는 아이로 성장할 것이라 확신하였다. 부모가 아이의 책을 읽어줄 때는 아이의 표정을 보면서 이야기에 대한 느낌을 공유한 것이다. 즉 어떤 부분은 일부러 천천히 읽으며 "어머 참 안됐구나", "이거 어떻게 된 거야" 하면서 책을 읽어주는 동안 딴생각을 하지 않고 함께 느끼고 공감하도록 하였다. 그리고 아이와 정기적으로 서점에 나갔다. 서점에서는 아이가 어떤 책을 고르든지 말리지 않았다. 설령 만화책을 고른다고 하더라도 상관하지 않았다. 단지 서점에 가면 재미있는 책을 살 수 있다는 것을 아이들이 깨닫게 하였다.

셋째, 교과서 내용과 관련된 책을 읽게 했다. 아이가 책을 고를 때는 아이가 원하는 책을 고르게 했지만 "이 책을 읽어보면 어떨까?" 하면서 은근히 교과서와 관련된 책을 권유하고 교과서에 나온 소설이나 동화의 저자가 있을 때는 그 저자의 다른 작품들도 읽도록 안내하였다.

넷째, 아이와 같은 책을 읽고 이야기를 나누었다. 같은 책을 읽고 이야기를 나누면 생각과 감정을 공유하게 되어 대화가 활발하게 이루어진다. 이때 책 내용과 관련된 자기의 생각이나 느낌을 주로 이야기했다. 하지만 부모가 "아르키메데스의 법칙이 뭔지 말할 수 있니?"와 같이 공부와 연결시키기 위해 책의 내용을 물어보거나 확인하지는 않았다.

다섯째, 눈에 띄는 곳에 책을 꽂아 두었다. 아이가 책이 재미없다고 안 읽어도 강요하지 않았다. 재미있는 부분만 골라서 읽어도 내버려두었다. 책을 그냥 보이는 곳에 꽂아 두면 언젠가는 관심을 갖게 될 것으로 생각하고 아이가 책을 읽지 않는다고 "다시는 책 사달라고 하지 마! 이 책값이 얼만 줄 알아?" 등의 얘기를 하지 않았다.

적독(積讀)이라는 말이 있다. 책을 읽지 않고 쌓아만 놓아도 충분하다는 말이다. 책이 눈에 띄는 곳에 있으면 언젠가는 읽고 싶어지기 마련이다.

아이의 공부 저력은 독서에서 비롯된다

이쯤에서 내 이야기를 잠깐 하려 한다. 나는 내 아이를 한 번도 학원에 보내거나 과외를 시켜본 적이 없다. 이렇게 말하면 혹자는 거짓말이라고 생각할지 모르지만 학원이나 과외공부를 시킬 필요가 없었다. 오직 독서 하나로 공부를 시켰다.

독서는 최고의 학원 교사, 과외 선생님 이상의 놀랄 만한 학습능력을 가져다주었다. 또한 독서는 초·중고등학교 때 공부를 잘하고 법과대학에 입학하는 것 외에도 사법시험에 무리 없이 합격하게 했고 인격을 높이고 삶의 질을 풍요롭게 하는 데도 중요한 역할을 했다.

나는 아이가 두 살이 되었을 때부터 책을 사다 주었다. 모두 그림으로 된 책이었는데 처음에는 찢기도 하고 끌고 다니며 내팽개치기도 했다. 책에 물을 엎지르기도 하였고 색연필로 낙서를 하기도 하였다. 이럴 때 부모들은 종종 "아가야 책을 찢으면 안 돼, 물을 부으면 안 돼!"라고 하는데 나는 그냥 내 버려두었다. 무엇보다 어릴 때부터 책하고 함께 놀고 친숙해지도록 하기 위 해서였다.

세 살이 되면서는 그림책을 보고 뭐라고 중얼중얼하곤 했는데 그림책 속 의 그림을 보며 스스로 이야기를 만드는 모양이었다. 그런데 책을 거꾸로 보 면서 중얼거리기도 하고 책장을 차례대로 넘기지 않는 경우가 많았으며 때 로는 책을 뒤쪽부터 앞쪽으로 넘기면서 보기도 했다. 책을 거꾸로 볼 때는 바로 놓고 보게 하고 싶었고, 뒤쪽부터 읽을 때는 앞쪽부터 차례차례 보게 하고 싶었지만 꾹 참고 그냥 내버려두었다. 아이 스스로 터득할 때까지 기다 렸다. 그런데 어느 날부터는 정말로 책을 바로 놓고 읽기 시작했고, 책장도 바르게 넘기기 시작했다.

아이가 초등학교에 들어가면서부터는 북 쇼핑을 즐겼다. 당시 한 달에 한 번은 늘 서점에 들러 아동서 코너에서 책을 보며 놀게 하였다. 보고 싶은 책 을 선택하게 했더니 아이들은 이 책 저 책을 만지면서 펼쳐보기도 하고 사달 라고 하기도 하였다. 당시 초등학교 1학년이었던 아이가 선택한 책 중에는 초등학교 고학년 수준의 책도 있었고 때로는 유치원 수준의 책도 있었고 아 이가 전에 보았던 책도 있었다. 하지만 "이 책은 이미 본 거잖아", "이 책은 너무 어려우니까 나중에 사야 해" 같은 말을 하지 않았다. 그냥 아이가 원하 는 책은 모두 사 주었다. 아이는 그렇게 사 온 책을 어려워서인지 보지 않았 는데 책꽂이의 보이는 곳에 꽂아 두었더니 몇 년 후 결국은 그 책을 읽었다. 또한 아이가 선택한 책을 읽지 않을 때도 있었지만 "이 책 돈 주고 샀는데 왜 읽지 않니? 다시는 책 사 달라고 하지 마!"와 같은 말도 하지 않았다.

나는 아이가 어릴 때부터 독서에서만큼은 자율과 자유, 그리고 선택의 기회를 충분히 주려고 노력했다. 또한 조금 시간이 걸리더라도 아이 스스로 느끼고 생각하면서 해결방법을 찾아가게 하였다. 그래야 자기주도적으로 공부하는 습관을 기를 수 있다고 믿었다. 유치원 시기에 책 속에 한두 글자가 있었을 때도 아이가 그 글자를 물어오기 전까지는 먼저 가르쳐주지 않았다. 교과서와 관련된 책을 읽어야 할 경우에도 서점에서 "이 책은 꼭 읽어야 해"라고 말하지 않았다. 과학책을 읽을 때도 그 책 속에 담겨 있는 과학적 원리라든가 공식을 물어보지 않았다.

초등학교 고학년이 되면서 아이의 공부방이 책으로 꽉 차 거실에 책을 두기 시작했다. 두 아이가 모두 중학교에 다닐 때는 이미 거실까지 책으로 꽉 차서 집은 하나의 도서관이 되었다.

아이가 중학교 3학년을 마치면서 겨울방학이 시작되자 서점에 가서 고등학교 준비를 위해 참고서를 사왔는데 그중에 『공통 수학의 정석』이란 책이 있었다. 방학 한 달여 정도 공부방에서 살다시피 한 아이가 어느 날 "아! 다 풀었다" 하면서 밖으로 나왔다. 궁금해진 내가 "무엇을 다 풀었단 말이냐?"고 물었더니 아이는 『공통 수학의 정석』을 다 풀었다고 대답했다. 깜짝 놀란 내가 "어떻게 그것을 다 풀었느냐?"고 하니까 풀이한 과정을 읽어보니 다 이해가 되어 문제가 풀리더라고 하였다. 순간 '공부방과 거실에 있는 많은 책들이 이렇게 만들었구나!' 하는 생각이 들었다. 독서의 힘은 이렇게 놀랍다.

지식의 확장과 생성, IQ의 향상, 이해력과 상상력의 놀라운 향상 그리고 이러한 능력으로부터 발생되는 창의력과 논리력, 분석력, 종합력 등······. 이러한 능력은 최종적으로 법과대학에 입학하여 사법고시 시험을 치를 때에도 또 한 번의 결정적인 힘을 주었다. 독서가 우리 아이의 인생을 바꾸는 힘이 된 것이다.

빌 게이츠를 만든 것은 공공 도서관

IT 컴퓨터 분야의 세계적인 거인 빌 게이츠는 "나를 이렇게 만든 것은 동네의 공공 도서관이었다"라고 말하였다.

고대 그리스의 현자 소크라테스는 "이 세상에서 고생하지 않고 쉽게 얻을 수 있는 것은 없다. 하지만 남이 몇 년 동안 고생하여 만들어놓은 책을 읽으면 손쉽게 자기 것으로 만들 수 있다"고 하였다. 또한 미국의 대통령 오바마 역시 "정체성 문제로 고민하던 청소년기를 책을 통해서 극복했다"고 언급하며 독서의 중요성을 강조했다. 이와 같이 독서는 학습능력을 길러주고 인생을 성공적으로 이끌어주는 가장 강력한 힘이다.

5장

처음부터
스스로 공부하는
아이는 없다

칭찬의 교육적 효과를 극대화하기 위해서는 공정성 이론에 의한 칭찬이 이루어져야 한다.
즉 성취한 만큼만 칭찬을 해야 효과적이라는 말이다. 자녀가 성취해낸 결과보다 더 많은 칭찬을
해주거나 반대로 칭찬을 덜해주면 오히려 동기를 떨어뜨리게 된다. 따라서 아이를 칭찬할 때에는
칭찬하는 이유와 까닭을 조목조목 밝히면서 구체적으로 하는 것이 좋다.

잠자고 있는 공부 욕구를 깨워라

두뇌를 설득하면 공부 욕구가 높아진다

파스칼은 "인간은 이성적 존재다"라고 했지만 염세주의자인 쇼펜하우어는 "철학의 근본적인 오류가 인간을 이성적 존재로 봤다"고 하였다. 쇼펜하우어는 이성을 감정이 요구하는 대로 이끌려 갈 때 그 역할을 '합리화하는 역할을 할 뿐'이라고 단정하였고, "나는 인간보다 개를 좋아한다"는 말로 인간관을 부정적으로 표현했다. 2002년 노벨경제학상을 받은 대니얼 카너먼도 인간의 행동이 이성의 지배보다는 감정에 의해 더 많은 영향을 받는다고 가정함으로써, 인간을 합리적인 존재로 보는 기존의 고전 경제학 이론에 정면으로 도전했다.

뇌신경과학자인 안토니오 다마시오 교수 역시 '인간은 이성적 존재'라는 전통적인 생각을 뒤집었다. 그는 이성이 감성보다 우위에 있다는 전통적인 생각과 달리 이성과 감성은 서로 밀접하게 연결되어 있으며, 이성적 판단의 밑바탕에서 감성이 결정적인 역할을 한다고 발표하였다. 다른 두뇌 과학자들 역시 두뇌가 중요한 판단을 내릴 때 의식보다는 감성에 의존한다고 밝혔다.

결국 우리 행동에 결정적인 영향을 미치는 것은 이성이 아닌 감성이며, 두뇌는 주로 정서기억에 저장된 감성코드에 따라 행동을 결정한다는 말이다. 예컨대, 공부를 해야 한다는 결정보다 감성적으로 왠지 공부가 싫다는 정서로 인해 공부가 지겹고, 짜증났던 경험이 잠재의식에 쌓이면 두뇌가 공부를 거부하게 되는 것이다. 따라서 아이가 공부를 하고 싶게 하려면 두뇌를 설득하여 공부하고 싶은 욕구를 높여야 한다. 아이 스스로 하고자 하는 마음 없이는 공부를 잘할 수 없다. 그렇다면 어떻게 해야 아이들이 스스로 공부하도록 두뇌를 설득할 수 있을까?

부모의 성선설적 인간관이 아이의 태도를 바꾼다

옛말에 "말을 물가로 끌고 갈 수는 있어도 억지로 물을 마시게 할 수는 없다"는 말이 있다. 이것은 아이의 자발적인 참여와 의지 없이는 공부를 시킬 수 없다는 말이다. 공부는 스스로 좋아서 할 때 결과가 가장 좋다. 따라서 자녀에게 스스로 공부하는 태도를 갖게 한다면 부모로서 할 일은 다한 것과 같다.

아이가 공부하고 싶은 마음이 생겨서 공부목표를 정하고 자신에게 맞는 공부법과 절차에 따라 스스로 공부하는 것을 자기주도학습이라고 한다. 자기주도학습을 하기 위해서는 아이 스스로 공부하고 싶다는 욕구를 불러일으켜야 하는데 그러기 위해서는 부모의 역할이 중요하다. 공부 욕구를 불러일으키는 것을 '학습동기 유발'이라고 하는데, 학습동기 유발이 잘 되면 공부시간에 학습태도가 좋아지는 것은 물론이고 학업성취도 높아진다. 그러면 어떻게 해야 학습동기 유발을 할 수 있을까?

학습동기 유발을 시킬 때 가장 중요한 것은 부모님이 어떠한 인간관으로 자녀를 대하느냐는 것이다. 인간관에는 대표적으로 성선설(性善說), 성악설(性惡說), 성무선악설(性無善惡說), 성선악혼설(性善惡混說), 성삼품설(性三品說) 등이 있다. 성선설은 모든 인간은 선하기 때문에 자발적으로 어떤 일을 처리하며 협동적이고 낙천적이라고 보는 인간관이다. 반면 성악설은 모든 인간은 악하고 수동적이며 이기적이라고 보는 인간관이다. 한편 인간의 본성은 선도 악도 없음을 주장하는 성무선악설, 인간은 때로는 선하고 때로는 악하다고 주장하는 성선악혼설, 성에는 상, 중, 하의 삼품이 있다고 보는 성삼품설 등이 있다.

이 책을 읽고 있는 당신은 어떠한 인간관을 가지고 있는가? 특히 자녀를 어떤 인간관으로 대하고 있는가? 여러 인간관 중에서 성선설적 인간관을 가지고 지도할 때 자녀의 학습동기가 가장 높아진다. 따라서 아이를 변화시키고 싶은 부모라면 먼저 자녀를 삶의 주체로 인정하는 것부터 시작해야 한다. 아이에 대한 믿음과 확신을 갖는다면 아이가 공부에 임하는 자세도 달라질 것이다.

"모든 사물을 귀하게 보면 한없이 귀하게 보이지만, 하찮게 보면 아무짝에도 쓸모가 없다"는 말이 있다. 아이를 정승같이 키우면 정승이 되지만 머슴같이 키우면 머슴이 될 수밖에 없을 것이다.

안정적인 환경은 공부 의욕을 높인다

학습동기를 강화시키기 위해서는 심리적, 물리적, 정서적으로 안정적인 환경을 조성해야 한다.

매슬로우는 인간의 욕구를 생리적 욕구, 안전의 욕구, 애정·소속의 욕구, 자존감의 욕구, 자아실현의 욕구와 같이 5단계로 구분하였다. 인간은 배고플 때 먹고 졸릴 때 자고 싶어지는 생리적 욕구가 충족되면, 더 큰 집에서 경제적으로 풍요롭고 마음도 편하게 살고 싶은 안전의 욕구가 생긴다. 안전의 욕구가 충족되면 사회활동과 관련된 애정·소속의 욕구가 생기고, 이것이 충족되면 그 조직에서 존경받고 인정받고 싶은 욕구가 생기며, 마지막으로 자신의 최종 목표와 꿈을 달성하고자 하는 자아실현의 욕구가 생긴다.

매슬로우의 이러한 5단계 욕구이론은 자녀교육에 시사하는 바가 크다. 아이들이 공부에 적극적으로 참여하려면(참여와 소속에의 욕구) 심리적·정서적 안정이 우선되어야 한다는 말이다. 또한 아이들을 존중하고 인정하며 자존감을 심어주어야만 아이들이 자아실현의 욕구를 갖게 된다는 것이다.

화장실이 급하다든지, 배가 고프다든지, 부모님이 다투는 상황에서는 아

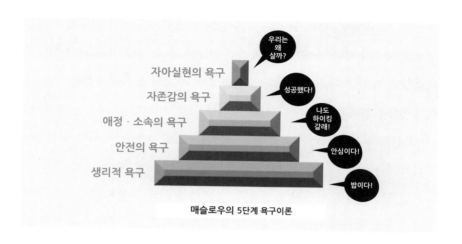

매슬로우의 5단계 욕구이론

무리 우수한 아이라 하더라도 공부에 집중할 수가 없으며, 자녀를 체벌하고 불신하는 상태에서는 자녀의 학습동기를 불러일으킬 수가 없다. 부모가 안정된 공부방을 꾸며주는 것, 부부간에 편안함을 보여주는 것, 자녀가 스스로 공부할 수 있다는 것에 대한 확신을 보여주는 것, 자녀의 성취에 대한 강한 믿음을 보여주는 것이 자녀의 학습동기를 자극하는 것이다.

학교교육에서도 학생에 대한 심리적 안정은 매우 중요하다. 숙제를 하지 않은 학생, 집에서 심하게 꾸중을 듣고 온 학생, 쉬는 시간에 친구와 다툰 학생은 심리상태가 불안하기 때문에 주위가 산만하고 수업에 집중을 하지 못하며 학습동기가 일어나지 않는다. 정서적·심리적으로 불안정한 어린아이들이 손가락을 빨거나 손톱을 물어뜯고, 눈을 자주 깜박거리며 말을 더듬는 등의 이상행동을 반복하는 것도 이와 마찬가지다.

자녀교육을 위한 안정된 환경을 조성해주기 위해 우리는 다음과 같은 연구결과에 주목해볼 필요가 있다. 최근 스웨덴에서 이루어진 연구에 의하면 모유를 먹으며 자란 아이가 스트레스와 분노를 효과적으로 다스리고 심리적으로도 안정을 유지한다고 한다. 포옹과 같은 부모의 스킨십은 물론, 자녀와 일상생활을 함께 즐기는 것만으로도 자녀의 심리 안정에 큰 도움을 줄 수 있다. 자신의 감정을 자유롭게 표현하도록 하는 것도 아이들의 심리적 안정에 효과적이다.

요즘에는 자녀의 안정된 학습 분위기 조성을 위해 가정에 파키라 나무를 기르는 집도 있다. 파키라 나무는 음이온을 방출하고, 이산화탄소 농도를 줄이며, 공기를 정화함은 물론 알파파를 만들어 공부나 독서를 할 때 도움이 된다고 한다.

공부를
즐기는
아이로
키워라

공부도 맛을 알면 중독된다

학습동기 유발을 위해 가장 중요한 것은 아이에게 성취감을 느끼게 하는 것이다. 마라톤 선수들은 가장 고통스러운 순간에는 '마주 오는 자동차가 자신을 치어주었으면' 하는 생각을 할 정도라고 한다. 하지만 골인지점까지 달리고 나면 성취로 인한 엄청난 기쁨을 맛보게 되고, 그 이후에도 또 달리게 된다. 산에 가는 사람들은 오를 때는 '이 힘든 고생을 왜 사서 하나' 하고 잠시 후회를 하면서도 정상에서 맛보는 쾌감을 알기 때문에 다시 산을 찾는다. 극심한 산통으로 다시는 아이를 낳지 않겠다던 어머니들도 아이를 키우면서 행복감을 맛본 후에는 둘째도 낳고, 셋째도 낳는다. 이들 모두가 도파민에 의한 기쁨과 쾌락 때문이다.

도파민은 인간의 뇌에서 고도의 정신작용과 창조기능을 담당하는 아미노산으로, 뇌신경 전달물질이다. 술, 담배, 마약 등이 우리를 기분 좋게 해주는 것은 도파민의 분비를 촉진시키기 때문이다. 공부도 성취감을 맛보면 도파민이 분비되어 성취의 기쁨과 쾌락을 느끼게 된다. 또한 시험을 잘 봤다거나, 성적이 갑자기 올랐다거나, 부모로부터 칭찬을 받아도 도파민이 분비된다.

그런데 똑같은 성취가 지속되면 도파민의 분비는 점점 더 감소한다. 따라서 도파민에 의한 쾌감을 느끼기 위해서는 계속해서 더 높은 수준의 성취를 이뤄내야 한다. 이런 과정이 반복되면 결국 도파민에 의한 공부중독이 되는 것이다.

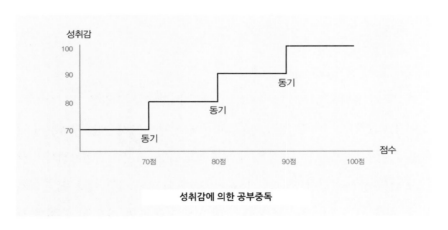

성취감에 의한 공부중독

이 그림은 성취감에 의한 공부중독을 나타낸 것이다. 70점의 성취를 이뤄낸 아이가 열심히 공부하여 80점의 성취를 이루면 도파민이 분비되어 성취의 기쁨을 누리게 된다. 하지만 80점인 상태가 지속되면 타성이 생겨 도파민의 분비가 점점 감소한다. 이 아이는 더욱 열심히 하여 90점을 맞아야만 도파민에 의한 성취의 기쁨을 맛볼 수 있다. 이 같은 과정을 계속해서 되풀이하다 보면 성취감에 의한 도파민 분비로 공부에 중독되게 된다.

요즘 학생들 2,000명 중에 3명 정도는 도파민에 의한 공부중독 상태라고 한다. 이런 학생들은 부모의 잔소리 없이도 자기주도적으로 공부를 하고 되고, 공부 이외의 일에서도 성취감을 느끼기 위해 최선을 다하는 습관을 갖게 된다.

그렇다면 어떻게 해야 내 아이도 도파민에 의한 공부중독이 되게 할 수 있는지를 알아보자.

내 능력에 맞는 공부가 가장 재밌다

3학년 학생들에게 투호놀이를 시켰다. 1미터, 5미터, 10미터 거리에서 10명씩 투호놀이를 하게 했다. 10분이 지난 뒤에 가보니 모두가 5미터 떨어진 거리에서 투호놀이를 하고 있었다. 아이들은 1미터의 거리에서는 너무 쉽게 들어가서 재미를 못 느끼고, 10미터의 거리에서는 거의 들어가지 않아서 재미를 못 느낀다. 하지만 5미터 거리에서는 성공율과 실패율이 비슷해서 흥미진진하게 놀이를 할 수 있다. 결국 아이들의 능력수준에 맞으면서 동기를 유발시킬 수 있는 거리는 5미터인 셈이다.

이와 같이 부모는 아이를 지도할 때 자녀의 현재 수준을 정확하게 판단하여 평가한 후 바로 다음 단계의 수준을 제시해주어야 한다. 이를 위해 국어,

수학, 영어, 과학, 예체능에 이르기까지 교과별로 아이의 현재 수준에 대한 정확한 진단이 필요하다. 교과 안에서도, 예컨대 수학 교과의 경우 수와 연산, 도형, 측정, 확률과 통계, 문자와 식, 규칙과 함수에서 아이가 어느 부분이 약하고 어느 부분이 강한지를 정확하게 파악해야 한다. 자녀의 능력수준을 고려하지 않고 무조건 공부 잘하는 옆집 아이를 따라서 공부하게 한다든지, 그 아이가 푼다는 문제집을 풀게 하면 낭패를 보기 쉽다. 잡힐 듯 말 듯 한 수준이 성취동기를 극대화하고, 이로써 얻게 되는 성취감의 반복이 공부 중독에 이르게 한다는 것을 명심하자.

부모가 자녀의 능력수준을 파악하고 다음 수준의 과제를 제시하는 것이 힘들다면 학습코치를 두는 것도 좋다. 학습코치를 통해 아이의 교과별 성취수준을 정확히 판단하여 평가하고 다음 수준의 과제를 제시하면서 체계적으로 학습할 수 있도록 도와준다면 아이의 성적은 쑥쑥 올라갈 것이다.

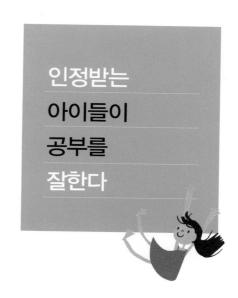

인정받는 아이들이 공부를 잘한다

고개만 끄덕여줘도 최선을 다한다

보통의 경우엔 아이가 조금만 울어도 부모는 금방 젖을 주고 달랜다. 그래서 아이들은 어릴 때부터 '내가 울기만 하면 다 해결되는구나' 하는 착각에 빠진다. 하지만 그 시기에 부모가 사랑과 관심을 쏟지 않으면 아이는 '나는 인정받지 못하고 있구나' 하는 생각이 잠재의식에 입력되면서 비정상적인 방법을 통해서라도 인정을 받으려고 한다. 이를 '파에톤 콤플렉스'라고 한다. 파에톤 콤플렉스란 어린 시절 애정결핍에 의해 지나치게 부모 또는 타인에게 인정받고 싶어하는 욕구를 가리킨다. 이것은 반대로 아이를 인정해주면 더 강한 자신감과 성취 의욕을 불러일으켜 창조적인 힘을 발휘하게 한다는 말이 된다.

이와 관련된 재미있는 사례가 있다. 미국의 포틀랜드 시에서 경찰관과 소방대원 채용시험이 있었다. 20명을 대상으로 1인당 45분씩 면접을 보았는데, 면접관이 처음 15분은 자연스러운 반응을 보이고, 다음 15분은 연신 고개를 끄덕였으며, 마지막 15분은 고개를 끄덕이는 일 없이 무표정한 얼굴을 보여주면서 전체 응시자들의 반응을 살피는 실험을 하였다. 그런데 연신 고개를 끄덕인 15분 동안의 면접시간에 응시자 중 17명의 발언시간이 길어짐을 관찰할 수 있었다. 이것은 그들이 면접관으로부터 강력하게 인정을 받고 있다고 생각하면서 더욱 성심성의껏 최선을 다해 이야기했기 때문이다.

이 실험에서 이루어진 동기유발 방법을 싱크로니Synchrony라고 한다. 싱크로니란 상대방과 대화할 때 찬성이나 동조의 표시로 고개를 끄덕이는 것을 말한다.

우리나라 초등학생을 대상으로 싱크로니와 관련된 실험을 한 일이 있다. 초등학교 1학년을 대상으로 15명씩 두 개의 그룹을 만들고 자신의 가족 소개를 하도록 했다. 선생님이 한 그룹에게는 눈을 맞추고 고개를 끄덕여주는 싱크로니를 하였고, 다른 그룹에게는 무표정한 상태로 쳐다만 보았다. 그 결과 싱크로니를 해준 그룹의 평균 발언시간이 3분 18초, 그렇게 하지 않은 그룹이 2분 12초로 싱크로니를 통해 인정을 받은 그룹에서 1분 이상을 더 말한 것으로 나타났다.

인생을 통째로 바꿔놓는 강력한 인정 효과

'인정'은 한 사람의 인생을 바꿔놓기도 한다. 어느 교실에 갑자기 쥐 한 마리가 나타났다가 쏜살같이 사라졌다. 선생님은 스티비 모스라는 학생에게 쥐 잡는 것을 도와달라고 부탁했고, 스티비 모스는 선생님께 쥐가 숨어 있는 위치가 쓰레기통 뒤라는 것을 가르쳐주었다. 그런데 놀랍게도 스티비 모스는 두 눈이 보이지 않는 시각장애인이었다. 선생님은 시각장애인인 스티비 모스의 예민한 청각을 믿고 부탁을 한 것인데, 이는 스티비 모스가 태어나 처음으로 누군가로부터 인정을 받는 순간이었다.

선생님의 인정은 스티비 모스의 인생을 바꿔놓는 결정적인 계기가 되었다. 훗날 리틀 스티비 원더라는 이름으로 음반을 발매한 그는 그레미상을 열일곱 차례나 수상하였고 오스카상을 거머쥐었으며 7,000만 장 이상의 LP판을 판매하여 비틀즈, 엘비스 프레슬리와 함께 음반판매량 톱 10위에 오르기도 했다. 그는 후에 자신의 예민한 청각에 대한 선생님의 인정이 인생을 바꾸었다고 이야기했다.

이와 같은 인정의 효과는 나이에 상관없이 전 연령층에 나타난다. 프린스턴 대학에 다니던 토마스 호빙은 학업에 흥미를 잃고 퇴학 위기에 처해 있었다. 지도교수는 그런 호빙에게 조각 과목에 대한 능력이 탁월하다고 크게 인정해 주었는데, 이는 그가 뉴욕 메트로폴리탄미술관의 큐레이터로 성공할수 있는 계기가 되었다. 이러한 인정의 힘을 호빙 이펙트The Hoving Effect라고 부른다.

지금까지의 다양한 이야기에서 확인할 수 있듯이 인정의 힘은 가히 놀랄

만한 것이다. 따라서 부모는 자녀에게 계속적으로 인정해주는 태도를 가져야 한다. 예컨대, 자녀가 시험을 본 후 10문제 중 4개를 틀려 오더라도 "네 문제나 틀렸어?"라고 지적하기보다는 "반도 더 맞았네. 다음에는 더 열심히 해보자!"라고 긍정적으로 인정해주고 독려하는 태도가 필요하다. 자녀에 대한 이러한 긍정적인 인정은 자발적인 학습동기를 불러일으키고 학업성취를 높이게 될 것이다.

내 등에 얹혀 있는 선생님의 손

초등학교 2학년 때까지 선생님은 물론이고 또래 아이들한테도 관심을 받지 못했던 아이가 있었다. 아이는 가정형편이 어렵고 교통편이 없어 시골집에서 학교까지 2킬로미터를 걸어다녔다. 3학년이 되었을 때 아이는 처음으로 담임 선생님이 자기를 인정해주고 공부시간에 눈빛을 맞춰주는 것 같은 느낌을 받았다.

어느 날 국어시간에 선생님이 묻는 말에 대답을 했는데 선생님이 앞으로 나오라고 하였다. 그러고는 "참 잘했다. 어떻게 그런 좋은 생각을 했니?"라고 칭찬하면서 등을 두드려주고 포옹해주었다. 아이가 학교에서 처음으로 인정을 받는 순간이었다. 아이는 너무 기뻤고 집으로 가는 길이 즐거웠다. 그가 집에 와서 쓴 일기장에는 이렇게 쓰여 있었다.

"개울을 건너 논두렁을 따라 집에 올 때까지 선생님의 손이 내 등에 얹혀 있는 것 같았다."

그 후 아이는 매일매일 학교가 가고 싶어졌고, 선생님이 좋아져서 수업시간에 더 집중하게 되었으며, 공부도 열심히 하게 되었다. 어린 시절에 경험한 긍정적인 말 한마디와 작은 인정 하나가 아이의 인생을 바꿔놓을 수 있을 만큼 엄청난 힘을 가지고 있음을 기억하자.

기적은
기대감과
칭찬이
만든다

아이들은 어른들의 기대감을 먹고 자란다

하버드 대학의 심리학과 교수인 로젠탈 박사는 평범한 초등학생들을 무작위로 선발한 후에 그 학생들을 가리키며 괄목할 만한 성장을 할 것이라고 예언하였다. 교사들은 로젠탈 박사의 말을 듣고 그 학생들의 잠재력을 믿기 시작했고, 기대감에 찬 눈빛으로 그들을 바라보았다. 그 후 학생들은 실제로 4개월 후에 평균점수가 10점이나 올랐고, 8개월 후에는 IQ가 20점이나 높게 나타났다.

우리나라에서도 초등학교 3학년을 대상으로 '기대감'에 관한 실험을 실시했는데, 이와 비슷한 결과가 나왔다. 아이들이 수업을 마치고 집으로 돌아간 사이에 초등학교 3학년 다섯 학급 중 한 학급에 '공부를 잘하는 학급'이라는 표찰을 달아준 것이다. 다음날 그 학급의 학생들은 "우리 반은 공부를 잘하는 학급"이라고 수군거리며 학습태도가 좋아졌고, 생활태도 면에서도 다른 반 아이들에게 모범을 보이려고 노력했으며, 자긍심을 가지고 학교생활을 하였다. 한편 다른 반 학생들은 부러운 눈으로 그들을 바라보았다. 6개월 후 실제로 그 학급의 평균성적은 다른 학급보다 7~8점이 향상되었고, 1년 후에는 다른 학급과 평균 10점 정도의 차이를 보였다. 이와 같이 아이들에게 높은 기대감을 나타내면 기대감을 받은 아이들은 성취동기와 책임감을 갖게 되며, 이것은 곧 성적을 향상시키는 요인이 된다. 결국 교사뿐만 아니라 부모도 자녀의 성취에 대해 높은 기대감을 보여야 한다는 말이 된다.

1964년 로버트 스턴바흐 박사는 '기대감'에 관한 재미있는 실험을 하였다. 스턴바흐 박사는 세 그룹에게 약효가 전혀 없는 알약을 나눠주면서 한 그룹에게는 "약이 위장을 강하게 울릴 것"이라고 말했고, 다른 그룹에게는 "약이 위장활동을 억제하여 팽만하고 무거운 느낌을 줄 것"이라고 말했으며, 나머지 그룹에게는 알약이 '가짜 약'이라고 솔직하게 이야기하고 복용하게 하였다. 그런데 놀랍게도 피험자의 3분의 2에게서 스턴바흐 박사가 말했던 약의 효과가 나타났다. 이처럼 가짜 약이 성공적으로 작용한 요인은 심리적 환경 때문이다. 의사의 하얀 가운과 청진기가 환자에게 치료 효과에 대한 기대감과 믿음을 주었던 것이다.

기대감은 가끔 기적을 만든다

그리스신화에 나오는 피그말리온에 관한 이야기는 널리 알려져 있다.

지중해의 키프로스 섬에는 피그말리온이라는 조각가가 살고 있었다. 그는 세상 어떤 여자에게서도 사랑의 감정을 느끼지 못했고, 어떤 여자도 자신을 만족시키지 못한다고 생각했다. 그래서 뛰어난 자신의 조각솜씨를 발휘하여 실물 크기의 여인상을 조각한 후 갈라테이아라는 이름을 붙여주었다. 그리고 그 여인상과 사랑에 빠졌다. 피그말리온은 갈라테이아와 같은 여인을 아내로 삼게 해달라고 간절히 기도하였으며, 그의 마음을 헤아린 아프로디테는 조각상에 생명을 불어넣어 주었다. 피그말리온은 인간이 된 갈라테이아와 결혼하였고 이들의 결혼식에는 아프로디테도 참석하였다.

자녀는 부모의 기대를 먹고 자란다. 부모가 자녀에게 높은 기대와 믿음을 가진다면 자녀의 학습동기가 강해져서 성취를 높이게 된다는 말이다.

긍정적 사고가 만드는 알파파

자녀의 학습동기를 강화시키는 또 다른 방법은 아이가 좋은 생각과 긍정적인 생각을 갖고 공부할 수 있도록 도와주는 것이다.

과거 일본의 만화 '데스노트Death Note'를 흉내 낸 빨간 일기장이 유행한 적이 있다. 사신(死神)의 살생부인 데스노트에 이름과 사망시각, 사망원인을 적으면 그대로 실현된다는 원작 애니메이션의 흥행은 빨간 일기장이 상품화되는 붐으로까지 이어졌다. 그것을 구매한 학생들은 만화 주인공의 행동을 모방하여 자기에게 모욕감을 주었던 선생님, 싫어하는 친구의 이름과 함께 듣기만 해도 섬뜩한 말을 적었다. 상대방에게 저주를 거는 '죽음의 일기장'이었던 셈이다.

이렇듯 다른 사람을 증오하는 비뚤어진 심리는 아이들의 교육에도 부정적인 영향을 준다. 좋은 생각과 긍정적인 생각을 가지고 있어야 교육적 자극을 받기 쉽고, 학습동기를 유발할 때에도 효과가 배가 된다는 말이다. 그렇다면 좋은 생각은 아이들에게 어떤 방식으로 긍정적인 영향을 미치는 것일까?

그림을 보면 긍정적인 사고가 학습동기 유발에 어떻게 도움이 되는지를 확인할 수 있다.

사람이 깨어 있는 상태에서의 뇌파는 베타파이다. 베타파는 외부에 대한 자각과 인지를 할 때 생성되고, 이러한 베타파가 지속적으로 유지되면 스트레스를 받게 된다. 반면에 알파파는 명상을 하거나 기도를 하거나 음악을 듣거나 가벼운 공상을 할 때 생성된다. 베타파와 달리 알파파는 뇌를 이완시켜

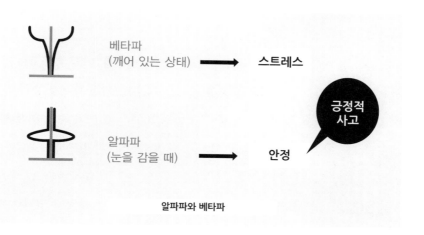

베타파
(깨어 있는 상태) → 스트레스

알파파
(눈을 감을 때) → 안정

긍정적 사고

알파파와 베타파

서 편안하게 만든다. 따라서 좋은 생각과 긍정적인 생각을 하게 되면 알파파가 생성되어 안정된 뇌 활동을 가능하게 하고, 이는 공부를 잘할 수 있도록 도와준다.

『긍정의 힘』의 저자로 잘 알려진 조엘 오스틴 목사 역시 긍정적 태도는 좋은 결과를 만들어내고, 훌륭한 지도자들의 가장 큰 공통점은 긍정의 힘이라고 말했다. 또한 성적과 학교공부에 낙심하는 학생들에게는 세상을 밝게 보는 긍정의 힘을 길러주어야 한다고 강조했다.

"이 결과는 내가 노력해서 만든 거야!"

공부를 해서 성취해낸 결과를 어떻게 인지하느냐에 따라 성취동기는 달라진다. 다시 말하면 성취해낸 결과가 자신의 능력과 노력에 의해서 이루어졌다고 지각할 때 더 높은 성취동기를 가질 수 있다. 간혹 자신의 성취결과를 다른 사람의 도움이나 운으로 돌리는 아이들도 있는데, 이런 경우는 후에 성취동기가 약해진다.

자신이 한 행동의 결과를 자기 탓으로 돌리는 경우를 '내적 통제소재'라고 하고, 다른 사람의 도움이나 운으로 돌리는 경우를 '외적 통제소재'라고 한다. 부모는 자녀의 성취결과가 반드시 자신의 모든 노력과 행동에 의해서 결정된다는 것을 확인시켜주고, 자녀가 이를 확신할 수 있도록 도와주어야 한다.

예컨대, 자녀의 성적이 떨어진 경우 왜 떨어졌는지를 분명히 짚어주어야 한다. 그렇지 않고 "학교에서 선생님이 어떻게 가르치는 거냐?"는 식으로 선생님 탓으로 돌린다든가, 과외를 받는데도 성적이 오르지 않는 경우 "과외 선생님이 과외비만 올리고 도대체 뭐하는 거냐?"는 식으로 말하면 자녀의 성취동기는 떨어지기 마련이다. 아이에게 '심은 대로 거둔다'는 진리를 가르쳐 노력에 의한 정당한 성취감을 느낄 수 있도록 도와주자.

칭찬은 성적도 춤추게 한다

공부동기를 높이는 최고의 방법은 뭐니 뭐니 해도 칭찬이다. "칭찬이 곧 최고의 교육이다", "칭찬은 돌고래도 춤추게 하고, 죽었던 귀신도 무덤에서 일어나게 한다"고 할 정도로 칭찬 효과는 아무리 강조해도 지나치지 않다.

하지만 칭찬의 교육적 효과를 극대화하기 위해서는 공정성 이론에 의한 칭찬이 이루어져야 한다. 즉 성취한 만큼만 칭찬을 해야 효과적이라는 말이다. 자녀가 성취해낸 결과보다 더 많은 칭찬을 해주거나 반대로 칭찬을 덜 해주면 오히려 동기를 떨어뜨리게 된다. 또한 아이를 칭찬할 때에는 칭찬하는 이유와 까닭을 조목조목 밝히면서 구체적으로 하는 것이 좋다.

예컨대, "오늘은 동생을 돌보면서 공부방을 정리하라고 했었지? 동생도 잘 돌보고, 책도 모두 책꽂이에 꽂고, 네 방의 휴지통도 비우고, 창틀 먼지도 잘 닦았구나!"라는 식으로 칭찬하면 된다.

아이의 행동을 제대로 칭찬해주면 아이는 그러한 행동을 또 다시 반복할 가능성이 크다. 하지만 보상이 행동에 비해 지나치게 크게 주어지면 보상받기 위해 행동하게 되므로 조심해야 한다. 5만큼 행동했으면 5만큼의 보상, 10만큼 행동했으면 10만큼의 보상을 해야 한다는 말이다. 모든 세상사가 과유불급(過猶不及)인 것처럼 무조건 칭찬만 하는 부모는 오히려 아이의 신뢰감을 떨어뜨린다는 것을 기억하기 바란다.

청개구리 효과의 현명한 사용법

자살하려고 다리 난간에 올라가 있는 사람에게 제발 가족을 생각해서 내려오라고 애원하면 그 사람은 떨어져 자살할 가능성이 높다. 그러나 떨어져 죽든 말든 내버려두면 그는 그냥 내려올 가능성이 크다. 또한 귀금속점에 반지를 사러 온 고객에게 "이 진주반지는 자연산인데 좀 비싸요"라고 말하며 은근히 자존심을 건드리고 약을 살짝 올리면 오기가 발동한 고객은 진주반지를 살 가능성이 높다. 백화점에서 "이 옷은 명품이라 웬만한 사람들은 엄두를 못 내거든요" 하면 '비싸면 얼마나 비싸. 날 뭘로 보는 거야!' 하는 반발심이 생겨 무리한 쇼핑을 감행하는 경우가 종종 있다. 이처럼 남이 못하게 하면 더 하고 싶어지는 청개구리 심리를 '심리적인 반발 psychological reactance'이라고 한다.

자녀를 지도할 때에도 이와 같은 적절한 심리적 반발을 유도해서 학습동기를 높이고 성취효과를 유도할 수 있다. 하지만 이 방법은 가끔씩만 사용해야 한다. 자주 사용하면 자칫 부모가 자신을 부정적으로 기대하고 있는 것으로 비춰질 수 있기 때문이다.

가령, 학업성적이 우수한 학생에게는 "네가 어떻게 이 문제를 다 맞힐 수 있겠니?"라고 말하는 것이 효과적이고, 학업성적이 낮은 학생에게는 성적이 비슷한 친구를 예로 들며 "네가 영호만큼은 이길 수 있지 않겠니?"라는 말로 아이의 공부 의욕을 높여야 한다.

6장

공부법이
달라지면
성적도 달라진다

전국 수능석차 0.01퍼센트 안에 들어서 국내 명문대에 합격한 9명의 학생들 모임에서
이들이 이구동성으로 증언한 것이 바로 교과서의 중요성이었다. 이들은 언어영역은 교과서부터
보고 주제문을 찾는 연습을 했고, 탐구영역도 교과서를 중심으로 학습한 후 이해가 안 되는 경우
에는 교과서를 통째로 외운다는 심정으로 반복했다고 한다. 교과서를 철저히 공부하지 않고 참고
서를 보거나 문제집을 푸는 것은 높이뛰기 선수가 높이뛰기의 기본 훈련도 거치지 않고 계속 높
이 뛰는 연습만 하는 것과 같다.

특별한
공부 비법을
알고
시작하라

공부 스타일을 체크하자

공부를 잘하기 위한 특별한 태도가 있을까? 학생들의 생활습관과 신체발달 정도, 집중력과 지구력, 성격이 저마다 다르기 때문에 모든 학생에게 적합한 공통적인 공부태도를 제시하기란 쉽지가 않다.

약간의 소음이나 음악이 있어야 공부가 잘된다는 학생도 있고, 몸을 규칙적으로 흔들거나 리듬을 타면 뇌의 주파를 민감하게 만들어서 기억력과 이해력을 증진시킨다고 보는 미국의 교육학자도 있다. 도서관에서 공부할 때 옆에 경쟁자가 있어야 공부가 잘된다는 학생이 있고, 혼자서 해야 공부가 잘된다는 학생도 있다. 뭔가를 씹은 학생이 10~20퍼센트 더 높은 점수를 얻는다고 발표한 일본의 과학자도 있다.

이처럼 다양한 사례들이 의미하는 것은 무엇일까? 이는 곧 모범적인 공부 태도에 맞춰 내 아이도 그렇게 고쳐보겠다고 나설 필요가 없다는 말이다. 그러니 아이가 좋아하는 특별한 공부 스타일이 있다면 존중해주자.

"조용히 공부해."

"바른 자세로 앉아서 공부해야지."

"집중 좀 해봐."

"음악은 끄고 해야지."

이런 잔소리를 하면 오히려 그 말에 신경 쓰느라 아이는 더욱 더 공부에 집중하지 못한다. 물론 부모가 조언하는 내용들이 한편으로는 맞는 말이지만 유아기와 초등학교 시절에 그런 습관들이 만들어지지 않았다면 자녀들의 현재 방식을 존중해주고 자기 스타일로 공부하도록 내버려두는 게 좋다.

공부를 돕는 스트레스도 있다

무슨 일을 하든 계획을 세우는 일이 가장 중요하다. 마찬가지로 공부를 잘하기 위해서도 공부계획을 세우는 것이 가장 중요하다. 혹자는 공부계획을 세우는 것이 공부하는 것만큼이나 부담이 되고 스트레스를 받는다고 한다. 그런데 공부계획을 세우는 것은 '좋은 스트레스'에 속한다.

스트레스에는 두 가지 종류가 있다. 하나는 적절한 긴장감으로 자신의 능력을 최고로 발휘하게 만들어주는 유–스트레스Eu-stress이고, 또 하나는 선생님

한테 혼났을 때나 친구랑 싸웠을 때 받는 디-스트레스^{Di-stress}이다.

실천을 위해 공부계획을 세우는 것은 유-스트레스이다. 왜냐하면 공부계획 자체가 학습동기를 불러일으키기 때문이다. 부모는 자녀를 지도할 때 반드시 자녀 스스로 공부계획을 세워서 실천하게 해야 한다. 공부계획을 세우더라도 처음에는 제대로 지키지 못하는 경우가 많다. 하지만 몇 달이고 계속해서 공부계획을 세우고 실행하고 평가하는 일을 반복하면 아이들은 자연스럽게 공부계획을 세워서 공부하는 습관을 갖게 된다.

공부계획은 보통 한 달, 짧게는 일주일 간격으로 세우고 실천하는 것이 좋다. 일주일 간격으로 공부계획을 세울 때에는 월·화·수·목·금의 5일간 어떤 과목의 어느 단원을 공부할 것인지, 독서는 어떤 책을 얼마만큼 읽을 것인지를 구체적으로 계획해야 한다. 그리고 토요일과 일요일은 또 다른 계획을 세우기보다는 지난 일주일 동안의 계획을 잘 실천했는지를 평가하고 월요일부터 금요일까지의 계획 중 실천하지 못한 과제를 해결하는 것이 좋다. 또한 산책, 영화관람, 운동, 휴식을 통해 잠재적 학습능력을 키워가는 것이 바람직하다.

공부계획을 세우고 목표에 도달함으로써 성취의 쾌감을 느끼고 나면 아이는 더욱 도전적이고 적극적인 계획을 세우게 된다. 이런 일들이 반복되면 자기주도적인 학습태도를 기를 수 있다. 공부계획을 세워서 공부하는 습관을 만들어주기 위해서는 부모가 최소한 두 달 이상은 적극 관여해야 한다.

날짜	요일	공부 과제		평가				
		매일 과제	나의 과제	매우 만족 (5점)	만족 (4점)	보통 (3점)	불만족 (2점)	매우 불만족 (1점)
1	월	숙제	수학 도형 익힘 책 20문제 풀이하기					
2	화	숙제	영어동화 듣기 (20페이지)					
3	수	숙제	시청방문 (의회에서 하는 일을 조사하여 노트에 옮겨쓰기)					
4	목	숙제	과학 독서하기 (50페이지) 『나무의 비밀』					
5	금	숙제	세계지도를 그린 후 수도 표시하기					
6	토	평가 및 휴식	부모님과 농장체험					
7	일	주간공부 계획	공부계획 세우기					
평가			자녀 평가					
			부모 평가					

- 평가는 매우 만족(5점), 만족(4점), 보통(3점), 불만족(2점), 매우 불만족(1점)으로 실천결과에 대한 만족도를 자녀 스스로 체크하도록 한다.
- 월요일부터 금요일까지 5일간의 실천결과에 대한 점수를 모두 더한 후 4를 곱하면 100점을 만점으로 했을 때의 점수가 산출된다.
- 산출된 점수를 보고 90점 이상일 때는 '수', 80점 이상일 때는 '우', 70점 이상일 때는 '미', 60점 이상일 때는 '양', 60점 미만일 때는 '가'로 평가한다.

시간대에 맞춰서 교과를 선택하자

공부는 하루 중 언제 하는 것이 가장 좋을까? 학교에서 공부가 가장 잘되는 시간은 오전 1~3교시이다. 4교시는 이보다 조금 능률이 떨어지며, 오후 시간대인 5~6교시에는 더 떨어진다. 7~8교시까지 공부하면 공부효과는 급격히 감소하게 된다. 요일별로는 월요일, 화요일, 수요일의 학습능률이 대체로 높고, 목요일 오후부터 학습능률이 떨어지다가 토요일에는 학습능률이 조금 상승한다. 최근에는 주 5일제 수업이 실시되면서 휴일 기대효과로 금요일 오후에 학습능률이 올라가기도 한다. 계절별로는 일반적으로 봄과 가을의 학습능률이 여름과 겨울보다 높다.

따라서 학습능률이 높고 낮은 시간대에 따라 공부하는 교과도 달라져야 한다. 일반적으로 학습능률이 높은 시간대에는 두뇌회전이 필요한 교과인

수학과 과학을 공부하는 것이 좋다. 학습능률이 오르지 않는 오후에는 예·체능 과목들을 공부하는 것이 좋다. 그리고 학습능률이 중간 정도인 시간대에는 국어, 사회와 같은 교과를 공부하는 것이 효율적이다. 즉 학습능률이 가장 높은 시간인 오전 1~3교시에는 수학과 과학과 영어를, 4교시에는 국어와 사회를, 5교시나 6교시에는 예·체능을 공부하는 것이 효과적이라는 말이다.

학교에서의 시간표는 학습능률과 교과를 매치해서 짜는 것이 좋고, 방학이나 휴일에 집에서 공부할 때도 이를 고려하여 적용해야 한다. 그러나 이것이 모든 아이에게 똑같이 적용되는 것은 아니다. 아이가 좋아하는 교과와 싫어하는 교과, 잘하는 교과와 부진한 교과가 무엇이냐에 따라 달라질 수 있다. 그런데 많은 아이들은 학습능률이 높은 시간에 정신적 상호작용을 많이 하는 교과나 자신에게 어려운 과목을 공부하기보다 자기가 좋아하고 쉬운 과목을 공부하는 경향이 있다. 이런 경우는 오늘은 공부를 많이 했다는 포만감이 생길지 모르지만 어려운 과목은 자꾸 뒤처지게 된다. 집중이 잘되는 시간에는 부진한 교과와 어려워하는 교과를 먼저 공부하는 것이 원칙임을 기억하자.

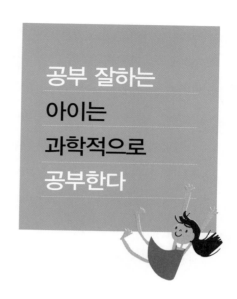

공부 잘하는
아이는
과학적으로
공부한다

좌뇌형 교과와 우뇌형 교과

공부는 우선 교과서를 중심으로 해야 한다. 교과서는 가르칠 내용을 담은 그릇으로, 학생이 배워야 할 가장 중요하면서도 핵심적인 내용만을 엄선하여 제시한다. 따라서 교과서에 제시된 기본개념과 원리, 법칙, 문제해결방법을 하나도 빠뜨리지 말고 살펴보는 것이 바람직하다.

전국 수능석차 0.01퍼센트 안에 들어서 국내 명문대에 합격한 9명의 학생들 모임에서 이들이 이구동성으로 증언한 것이 바로 교과서의 중요성이었다. 이들은 언어영역은 교과서부터 보고 주제문을 찾는 연습을 했고, 탐구영역도 교과서를 중심으로 학습한 후 이해가 안 되는 경우에는 교과서를 통째로 외운다는 심정으로 반복했다고 한다. 교과서를 철저히 공부하지 않고 참고서를 보거나 문제집을 푸는 것은 높이뛰기 선수가 높이뛰기의 기본 훈련도 거치지 않고 계속 높이 뛰는 연습만 하는 것과 같다.

그렇다면 공부의 순서는 어떻게 해야 좋을까? 하루는 종일 국어만 공부하고, 다음날에는 하루 종일 수학만 공부하는 방법과, 하루를 나누어 2~3시간은 국어를, 2~3시간은 수학을 공부하는 방법 중 어느 쪽이 학습효과가 높을까? 개인에 따라 약간의 차이는 있겠지만 후자와 같이 교과를 번갈아가면서 순서를 정해 공부하는 것이 효과적이다. 공부는 우뇌와 좌뇌를 번갈아가면서 사용해야 학습효과를 높일 수 있기 때문이다.

인간의 뇌는 좌뇌와 우뇌로 분리되어 있으며 각각의 뇌에서 담당하는 영역이 다르다. 좌뇌는 언어·계산·논리·분석하는 일을 맡고 있으며, 안정과 질서를 좋아하고, 규칙을 고수하고, 계획을 세워서 일처리하기를 좋아한다. 수학과 과학 과목이 좌뇌와 관련이 있다. 반면에 우뇌는 감정이나 사람의 표정을 읽는 능력, 직감적으로 전체를 파악하는 능력, 이미지화하는 능력, 창조하는 능력을 가지고 있고, 특이한 것과 변화를 좋아한다. 국어와 영어, 사회 과목이 우뇌와 관련이 있다. 그래서 좌뇌가 발달된 사람은 이과계열로, 우뇌가 발달된 사람은 문과계열로 진학하는 것이 적성에 맞다.

또한 한쪽 뇌만 계속 사용하면 뇌가 금방 피로를 느끼게 되어 학습능률이 떨어진다. 이것은 아무리 맛있는 음식이라도 매 끼니마다 먹게 되면 맛을 덜 느끼는 것과 마찬가지다. 한 가지 음식을 먹을 때 맛을 덜 느끼는 것은 맛을 느끼는 세포가 마비되기 때문이다. 즉 맛을 느끼는 세포가 피로해진 것이다.

마찬가지로 공부할 때는 좌뇌와 우뇌를 번갈아가면서 골고루 사용해야 뇌의 피로감을 줄이고 학습효과를 높일 수 있다. 우뇌와 관련 있는 국어나 영어를 공부한 후에는 좌뇌와 관련 있는 수학이나 과학을 공부하는 편이 좋다. 따라서 부모님들은 아이들이 가정에서 공부를 할 때 '국어-영어-사회' 또는 '수학-과학' 순으로 연속적으로 공부하는 대신에 '영어-수학-국어-과학' 순으로 하도록 안내해야 한다.

창의성과 독창성 같은 새로운 아이디어를 생각해내는 능력은 우뇌에 있고, 그 아이디어를 언어로 기호화하려면 좌뇌의 도움을 받아야 하기 때문에 양쪽 두뇌가 조화를 이루면서 발달할 수 있도록 공부해야 한다.

예습과 복습, 어떻게 해야 할까?

예습과 복습 중 한 가지만 선택해야 한다면 무엇을 해야 할까? 연구자에 따라 약간의 차이는 있지만 대부분 예습의 중요성을 강조한다. 이들의 연구에 따르면 예습은 복습에 비해 3~7배의 효과가 있다. 복습은 이미 배운 내용을 다시 공부하는 것이지만 예습은 앞으로 배울 것을 공부하는 것이라서 복습보다 자기주도적으로 공부하게 되고, 더 많은 사고과정을 거쳐야 하며, 호기심을 가지고 공부하게 된다. 또한 예습을 하면 자신감을 가지고 수업에 참여할 수 있다. 그러나 더 높은 성취를 위해서는 예습과 함께 복습을 꼭 해야 한다. 복습은 학습 후 10분 이내로 하는 것이 중요하다. 수업이 끝나자마자 복습을 하면 공부한 내용이 오랫동안 기억에 남는다.

미국의 한 심리학자가 다음과 같은 실험을 진행하였다. 학생을 세 그룹으로 나누어 과제를 주고 학습을 시킨 후에 한 집단에게는 수업 후 바로 복습을 하게 했고, 다른 집단은 하루 내 복습, 또 다른 집단은 복습을 하지 않도록 하였다. 일주일 후의 테스트 결과, 복습을 하지 않은 그룹은 학습한 내용의 30퍼센트만 기억하고 있는 반면 하루 내 복습을 한 집단은 학습한 내용의 45퍼센트를, 수업 후 바로 복습을 했던 집단은 학습한 내용의 83퍼센트를 기억하고 있는 것으로 나타났다. 배운 즉시 복습하는 것이 얼마나 중요한가를 증명해주는 사례이다.

독일의 심리학자 헤르만 에빙하우스의 망각곡선에 따르면 학습자는 10분 후부터 학습내용을 잊기 시작하여 한 시간 뒤에는 50퍼센트를, 하루 뒤에는 70퍼센트를 망각하고, 한 달 뒤에는 80퍼센트를 잊어버려 겨우 20퍼센트정도의 학습내용만 기억한다고 한다. 이러한 망각으로부터 기억을 지켜내기 위한 가장 효과적인 방법은 주기적인 복습이다. 에빙하우스는 복습을 할 때 그 주기가 매우 중요하다는 사실을 발견했다. 그는 같은 횟수라면 '한 번 종합하여 반복하는 복습'보다는 '일정 시간의 범위에서 분산 반복하는 복습'이 기억에 훨씬 효과적이라고 하였다.

에빙하우스는 학습내용을 10분 후에 복습하면 하루 동안 기억하게 되고, 다시 하루가 지난 후에 복습하면 일주일 동안, 다시 일주일 후에 복습하면 한 달 동안, 다시 한 달 후에 복습하면 6개월 이상 장기적으로 기억할 수 있다는 연구결과를 발표했다. 학습한 내용을 잊지 않고 오랫동안 기억하기 위해서는 개인차가 있겠지만 최소한 4번 정도의 복습이 필요하다는 결론이 나온다. 따라서 아이들은(특히 중고등학생들은) 수업이 끝나면 3~4분간 그 시간에 배운 내용을 대충이라도 훑어보는 습관을 길러야 한다. 즉 학교 수업이 끝나면 그날 배운 내용을 바로 복습하고, 복습이 끝나면 다음날 배울 내용을 과목별로 미리 예습해야 좋은 성적을 얻을 수 있다는 말이다. 또한 예습할 때에는 다음날 배울 내용을 읽어보거나 풀어보고, 의문이 생기거나 모르는 부분을 표시해뒀다가 질문거리를 미리 만들어 놓으면 수업에 좀 더 집중할 수 있다.

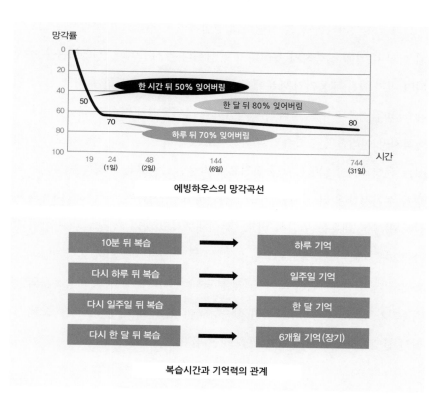

에빙하우스의 망각곡선

복습시간과 기억력의 관계

선행학습, 어떻게 해야 할까?

한 중앙 일간지에서 서울 강·남북권 학생들의 선행학습 실태를 조사하였더니 외국어고 학생의 87퍼센트, 일반계 고교생의 68퍼센트, 중학생의 65퍼센트가 선행학습을 통해 학교진도보다 한 학기 이상 앞서 공부하는 것으로 나타났다.

선행학습을 하는 이유로는 '첫째가 학교 수업을 잘 이해할 수 있어서, 둘째가 고입 또는 대입 준비에 필요하기 때문에, 셋째가 성적향상에 도움이 되어서, 넷째가 남들이 다 하기 때문에 불안해서'라는 답변이 나왔다.

그러나 아이러니한 것은 선행학습 경험자의 59퍼센트가 선행학습으로 인해 학교 수업에 집중하지 못한다고 응답했다는 사실이다. 선행학습을 하게 되면 이미 아는 내용이기 때문에 수업에 재미를 느끼지 못하게 되고, 그로 인해 뇌의 감정중추가 덜 자극되어 기억력과 성취동기가 떨어진다는 것이다.

하지만 이러한 선행학습의 부작용에도 불구하고 학생의 학습태도에 따라서는 선행학습이 얼마든지 긍정적으로 작용할 수 있다. 선행학습을 받은 학생이 수업시간에 더 진지한 태도로 참여하고, 선생님이 가르치는 내용과 자신이 공부한 내용을 면밀히 비교·분석해보기도 하며, 선생님과 자신의 생각이 다를 때는 적극적으로 질문을 하는 등 수업시간에 보다 적극적인 태도를 가진다면 선행학습은 득이 될 게 분명하다. 따라서 학생의 학습욕구와 성취동기가 강하고, 자기주도적인 학습능력이 있을 때 학생의 학습속도에 맞춰서 선행학습을 하면 효과가 있을 것이다.

아이의
성격에 맞는
학습 스타일을
찾아라

청각적인 학습 스타일과 시각적인 학습 스타일

똑같은 지역을 여행하고 와도 어떤 사람은 여행 가이드의 설명을 잘 기억하고, 어떤 사람은 여행한 지역의 풍광을 잘 기억한다. 같은 곳을 똑같이 여행하더라도 각자 기억하는 부분이 조금씩 다르다는 말이다. 이는 공부를 할 때도 마찬가지다. 예컨대, 구구단을 외우는데 어떤 아이는 그림책의 내용으로 더 잘 외우고 어떤 아이는 노래를 통해서 더 잘 외운다. 이것은 아이들의 학습 스타일이 저마다 다르기 때문이다. 따라서 부모들은 자녀의 주된 학습 스타일이 무엇인지를 파악하고 그에 걸맞게 공부할 수 있도록 도와줘야 한다.

학습 스타일은 크게 세 가지로 분류할 수 있다. 청각적인 학습 스타일, 시각적인 학습 스타일, 신체감각적인 학습 스타일이 바로 그것이다.

청각적인 학습 스타일을 가진 아이는 귀로 들은 내용을 가장 잘 기억한다. 단어를 외울 때 쓰면서 외우지 않고 암송하며 외우는 편이고, 말을 많이 하고 농담을 좋아하며, 이야기 듣는 것을 좋아한다. 이런 아이는 동영상 강의나 녹음기, 헤드폰 등 청각을 자극할 수 있는 교구를 사용하여 배우는 것이 효과적이다. 이때 청각이 예민한 만큼 소음은 최대의 적이 되기 때문에 조용한 공부환경을 만들어주는 것이 필요하다. 또한 단어를 외울 때는 말하고 스펠spell을 체크하고 다시 말하는 순서로 외우는 것이 도움이 된다.

시각적인 학습 스타일을 가진 아이는 눈으로 본 것을 가장 잘 기억한다. 책과 그림을 보는 것을 좋아하지만, 다른 사람의 말을 경청하는 태도가 부족한 경우가 많으므로 그 부분에 대한 지도가 필요하다. 시각적인 학습 스타일을 가진 아이에게는 그림이나 비디오, TV를 활용해 공부를 시키거나 주변을 관찰하면서 배울 수 있는 방법을 찾아야 한다. 특히 색상을 사용하면 오래 기억하는 특성이 있으므로, 책에서 중요한 부분에 밑줄을 긋거나 색칠을 하도록 하면 기억에 효과적이다. 아이가 이런 특성을 보인다면 주변을 잘 치워서 학습을 산만하게 할 만한 요소를 사전에 정리해주는 것이 좋다.

신체감각적인 학습 스타일을 가진 아이는 만지고, 조작하고, 직접 움직여봄으로써 가장 잘 학습한다. 이러한 학습 스타일을 가진 아이는 공부를 하면서도 항상 움직이려고 한다. 책상이나 테이블에 앉아서 공부를 하기도 하고, 몸을 비비 꼬거나, 의자에 앉아서 돌거나, 손으로 연필을 돌리기도 한다. 부모는 이들의 특성을 존중하여 아이가 움직이고 활동할 수 있도록 해주는 것이 필요하다. 가령, 아이가 책을 읽을 때 손동작을 하거나 몸으로 표현하도록 하거나 직접 만들어보게 하는 등 신체감각을 사용하는 것이 학습에 효과적이다. 자녀를 잘 관찰하여 어떤 학습 스타일을 가지고 있는가를 파악하고 거기에 맞는 공부를 할 수 있도록 도와주는 것이 일등 부모의 역할임을 기억하자.

내향적인 아이와 외향적인 아이

학습 스타일은 성격 유형에 따라서도 달라진다. 일반적으로 내향적인 아이는 한 가지 과제에 집중을 잘하고, 조용히 혼자 공부하는 것을 좋아하며, 말보다는 글로 표현하는 것을 잘한다. 이런 아이의 부모는 조용한 공부환경을 만들어주고, 자녀에게 예습을 강조하여 수업시간에 적극적으로 참여할 수 있게 해야 한다.

반면에 외향적인 아이는 혼자 공부하는 것보다는 친구들과 어울려 공부하기를 좋아한다. 또한 개념적 이해보다는 눈에 보이는 실험을 통해 학습하는 것에 흥미를 가진다. 종종 산만한 아이로 비쳐지기도 하는데, 그들의 성격을 존중해주면 장점으로 이끌어낼 수 있는 요소가 많다. 또한 이런 아이에게는 토론식 학습방법이 도움이 되므로 집단학습의 기회를 자주 마련해주어야 하며, 함께 공부할 친구를 만들어 문답식으로 학습하게 하거나 체험활동의 기회를 자주 만들어주는 것이 좋다.

독서실과 집안 공부방의 차이

공부를 하는 장소도 아이의 공부능률에 영향을 미친다. 대체로 독서실이 공부하기에 최적의 장소로 손꼽히지만, 텅텅 비어 있는 썰렁한 독서실보다는 아이들이 북적북적하고 살아 움직이는 역동적인 분위기의 대학교 도서관 같은 곳에서 공부가 더 잘된다는 아이들도 있다. 그러니 독서실이든 도서관이든 자녀에게 가장 적합한 장소가 어디인지를 물어 그곳에서 공부할 수 있도록 안내해주자.

일반적으로 성적이 좋은 학생들은 어릴 때부터 공부방보다는 독서실이 학습능률을 올리는 데 훨씬 효과적이었다고 말한다. 집안에 아무리 안정된 분위기의 공부방이 있다고 하더라도 독서실보다는 집중력을 떨어뜨리는 방해요소가 많은 게 사실이다. 초인종 울리는 소리, 전화벨 소리, 냉장고 문 여는 소리, 아파트 경비실의 안내방송 등은 공부를 산만하게 할 가능성이 다분하다. 따라서 초등학교 시기부터 독서실 또는 도서관에서 공부하는 습관을 길러주는 것이 좋다.

공부방과 독서실은 몇 가지 차이가 있다. 독서실은 집안의 공부방보다 엄숙함을 느낄 수 있고, 집안에서만큼 산만한 행동을 할 수 없으며, 약간은 조심스럽게 행동하게 된다. 또한 많은 학생들이 함께 공부하는 장소이기 때문에 독서실에서 학습동기가 더 유발되고, 면학 분위기도 좋다. 개인에 따라 차이는 있겠지만 자녀가 집안에서 산만한 학습태도를 보인다면 가까운 독서실에서 공부를 시켜보는 것도 좋겠다.

불편한 곳에서의 학습효과가 높다

집에서 일주일 전에 먹었던 저녁식사 메뉴는 기억하기 힘들지만 한 달 전에 해외여행 중에 먹은 음식은 곧잘 기억해낸다. 불편한 곳, 익숙하지 않은 곳에서의 경험이기 때문에 오랫동안 기억에 남는 것이다.

세계 기억력의 일인자인 에란 카츠는 "기억력을 높이려면 불편한 곳에서 공부하라"고 조언한다. 단기간에 집중력과 기억력을 높이고 싶다면 편안한 공간으로부터 탈출해야 한다는 것이다. 그의 연구결과에 따르면 사람이 너무 한곳에 오래 머물면 주변 환경에 익숙해지는데, 편안하다고 느끼는 순간 두뇌는 그 활동을 멈춘다고 한다. 따라서 두뇌활동을 지속시키기 위해서는 가끔씩 주변 환경을 바꿔주어야 한다는 것이다. 그는 유명한 유대인의 학습법 중 하나가 이 '불편함의 원칙'을 지키는 것이라고 주장했다. 여기서 불편함의 법칙은 '심리적, 물리적 환경에서의 불편함'이라기보다는 '학습환경 변화의 원칙'으로 받아들여야 한다.

불편함의 원칙을 자녀의 공부에 적용시켜보자. 가령, 자녀를 가까운 친척 집에 머물게 하면서 특정 과제나 공부를 하게 하는 것, 주변의 대학 도서관에서 대학생들과 공부해보도록 권하는 것, 고시원에서 일주일 이상 머물며 공부체험을 해보는 것, 주말이나 방학 때 집에서 멀리 떨어진 별장에서 공부를 해보는 것, 봄과 가을철 휴일에 숲 속에 돗자리를 깔고 공부해보는 것 등이 좋은 예가 될 수 있다.

기억력을 높이는 공부법을 활용하라

변화와 자극을 주어라

공부 과정에서 주어지는 변화와 자극은 기억력을 향상시킨다. 그림에서 보는 바와 같이 뇌에는 감각중추와 기억중추가 있는데, 변화와 자극을 주면 감각중추를 자극하게 된다. 이것은 다시 기억중추를 자극하게 되어 결과적으로 기억력을 높이게 된다.

예컨대, 자기 집 책상에서 하던 공부를 환경을 바꾸어 독서실에서 집중적으로 한다든가, 곤란한 문제를 놓고 친구와 일대일 질의응답식으로 공부를 한다든가, 집단으로 토론학습을 하는 등의 자극은 기억력을 높인다.

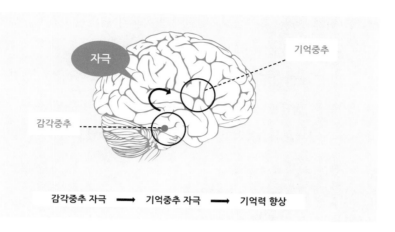

감각중추 자극 ➡️ 기억중추 자극 ➡️ 기억력 향상

좋은 생각을 하게 하라

루이스 L. 헤이는 『치유』에서 "인생을 즐기고 싶으면 즐거운 생각을 해야한다. 성공한 인생을 살고 싶으면 성공하는 생각을 해야 한다. 사랑하며 살고 싶으면 사랑하는 생각을 해야 한다. 우리가 마음속으로 생각하거나 입으로 소리 내어 말하면 그대로 이루어진다"고 하였다.

정말로 긍정적인 생각을 하면 기억력이 높아진다. 적절한 자극에 대한 긍정적인 사고는 신경세포의 회로를 활짝 열어주지만, 부정적인 사고는 뇌 활동의 흐름을 방해하고 억제하기 때문이다. 호산나 대학에서는 지능지수와 성적이 비슷한 중학생 20명을 선발하여 10명씩 두 그룹으로 만든 다음, 좋은 생각을 할 때와 나쁜 생각을 할 때의 기억력의 차이를 연구했다. 한 그룹에게는 30분간 좋은 이야기를 들려주고 나서 30분 동안 좋은 생각을 하게했고, 또 한 그룹에게는 30분간 기분 나쁜 이야기를 들려주고 나서 부정적인 생각을 하게 했다. 그 후에 두 집단에게 학교와 관련된 100개의 단어를 두 번씩 들려주고 나서 기억나는 단어들을 적게 했다.

그 결과를 보면 좋은 생각을 한 집단은 평균 63개의 단어를 적었고, 부정적인 생각을 한 집단은 평균 48개의 단어를 적었다. 즉 공부를 할 때는 좋은 생각을 자주 해야만 학습동기가 강화되고 기억력을 높일 수 있다는 말이 된다.

솔직한 감정표현을 허용하라

감정표현에 솔직한 것도 기억력을 높인다. 미국 스탠퍼드 대학의 제인 리처드 박사는 다음과 같은 실험을 하였다. 여대생들에게 신체부상 정도가 보기 흉할 정도로 심한 남자에서 보통 정도에 이르기까지 다양한 남자들의 부상 슬라이드 사진을 보여주면서 여학생의 절반에게는 충격이나 느낌이 전혀 없는 것처럼 가장하게 했다. 그 결과 감정을 외부로 표현하는 것을 억제한 그룹이 감정표현을 마음대로 할 수 있도록 허용된 그룹보다 단기기억력 테스트에서 낮은 점수를 보였다. 이 실험은 사람이 감정을 참으려고 애써 무표정을 지을 때 단기기억력이 손상된다는 것을 보여준다.

또한 사람의 본능과 욕구를 그대로 인정해주면 뇌신경 세포가 활발히 활동한다는 연구도 발표되었으며, 감정표현이 좋은 아이가 인지능력과 사회성 발달이 뛰어나고 사회 적응력이 좋아서 전반적으로 발달이 빠르다는 연구결과도 있다. 그러므로 아이들이 자신의 감정을 솔직하게 표현할 수 있도록 유도해야 한다. 자신의 주장을 숨기고 감정표현을 소극적으로 하는 사람들은 오래 살지 못하는 데 비해 감정표현을 잘하는 사람은 건강하고 오래 산다는 최근의 주장을 보면, 이러한 감정표현이 공부에서의 기억력뿐만 아니라 장수 문제에도 영향을 미친다는 것을 알 수 있다.

공부한 내용을 직접 가르쳐보게 하자

기억력을 높일 수 있는 또 다른 방법 중에는 공부한 내용을 직접 설명해보게 하는 것도 있다. '가르치는 것이 배우는 것'이라는 말이 있다. 원래 가르치는 것과 배우는 것은 서로 다른 것이 아니다.

『예기』의 '학기(學記)'에도 이런 문구가 있다.

"배운 연후에 비로소 부족함을 알게 되고, 가르친 연후에 비로소 지식의 빈곤함을 알게 된다. 부족함을 안 연후에 능히 자신을 반성할 수 있고, 지식이 빈곤함을 안 연후에 능히 스스로를 강하게 할 수 있다. 때문에 가르치는 자와 배우는 자는 서로 무엇인가를 얻게 하고 알게 해서 도움을 주어야 하며, 이렇게 할 때 비로소 진보와 발전이 있다."

공부한 내용을 다른 사람에게 설명해주다 보면 스스로 이해하기도 쉽고 내용을 더 오래 기억할 수도 있다. 왜냐하면 남에게 발표하거나 보여주려고 자료를 요약하다 보면 요약된 내용을 듣는 사람보다 그것을 정리한 사람의 머릿속에 내용이 더 깊이 각인되기 때문이다.

꾸준한 운동습관을 길러줘라

꾸준한 운동습관은 기억력 감퇴를 막아준다. 뉴욕 대학의 콘비트 박사는 운동을 하여 몸무게가 줄어들수록 기억력이 향상된다는 흥미로운 연구결과를 발표했다. 또한 연상법이나 기억술과 같은 방법들도 기억력을 높이는 데 도움이 된다고 한다.

실내에서의 맨손체조도 학습에 큰 도움이 된다. 예를 들어 장거리 여행을 할 때 비행기에서 피곤함을 덜기 위해 의자에 앉은 상태로 하는 간단한 체조는 공부의 피곤함을 더는 데 효과적이다. 등을 곧게 편 상태에서 상체를 비틀어도 좋고, 깍지 낀 손을 앞뒤로 움직이면서 큰 원을 그리거나 위로 뻗는 동작을 하는 것도 좋다.

경험을 많이 시켜라

기억력을 높이는 데 가장 중요한 것은 실제 경험과 분해, 조작 등의 실습이다. 이러한 방법은 감정중추나 기억중추에 자극을 주기 때문에 기억력을 높이는 데 그 어떤 방법보다 효과적이다.

가령, 차를 운전하고 간 사람과 옆 조수석에 앉아 있던 사람 중 누가 더 길을 잘 기억할까? 말할 것도 없이 직접 운전을 한 사람이다. 공부도 같은 이치다. 책으로만 공부해서 개념적으로만 이해하는 아이보다는 책에서 배운 것을 실제로 보고 듣고 만지면서 경험한 아이가 더 오래 기억한다.

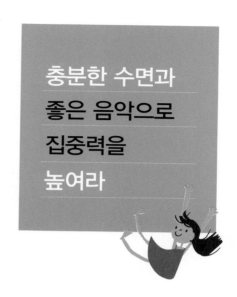

충분한 수면과
좋은 음악으로
집중력을
높여라

수면시간이 부족한 아이들

기억력에 큰 영향을 미치는 것이 바로 수면이다. 인간뿐만 아니라 지구상에 존재하는 모든 동물들이 잠을 잔다. 돌고래는 수영을 하면서 잠을 자고, 코끼리도 4시간 정도 서서 잠을 잔다고 한다. 프린스턴 대학의 고울드 박사 팀은 수면과 기억력 간의 관계를 알아내기 위해 쥐를 대상으로 실험을 진행했다. 그 결과 수면이 뇌의 '히포캠푸스hippo campus'에 영향을 주어서 수면시간이 기억력을 향상시키는 데 영향을 준다는 사실을 밝혀냈다.

우리나라에서도 초등학생들을 대상으로 수련회 기간 동안 기억력 실험을 한 적이 있다. 초등학교 6학년을 대상으로 했는데 한 집단에게는 이틀의 수

련회 기간 동안 거의 수면시간을 주지 않았고, 다른 한 집단에게는 잠을 충분히 자도록 하였다. 그런 다음 마지막 날에 '숫자 기억게임'을 하였다. 그 결과 수면을 충분히 취한 집단은 숫자의 87퍼센트를 기억했고, 그렇지 않은 집단은 72퍼센트만을 기억하였다. 잠을 충분히 잔 집단이 그렇지 않은 집단보다 15퍼센트나 더 기억한 것이다.

그렇다면 공부에 효과적인 수면시간은 몇 시간 정도일까? 우선 수면시간은 음식의 먹는 양과 먹는 횟수와 관련이 깊다. 점심을 많이 먹고 나면 적게 먹을 때보다 쉽게 졸리게 되는 것은 이 때문이다. 한 번 식사를 하고 나면 2~3시간의 수면이 필요하다고 한다. 그렇다면 보통 하루 세끼의 식사를 하는 우리는 6~9시간의 수면이 필요하다는 계산이 나온다.

수능을 앞둔 고등학생들이 8시간씩 잠을 자고 공부하기에는 공부시간이 절대적으로 부족하다. 이 시기에는 어쩔 수 없이 수면시간을 줄일 수밖에 없는데, 이때는 소식(小食)을 하면서 영양적으로는 좋은 식사를 하고 가벼운 운동을 하는 것이 도움이 된다.

그렇다고 수면시간을 너무 줄이면 기억력 감퇴는 물론 집중력을 떨어뜨리게 되어 학습효과가 현저히 떨어진다. 따라서 적은 수면시간이라도 숙면이 될 수 있도록 신경을 써야 할 것이다. 숙면을 위해서는 잠들기 전에 우유나 치즈를 조금 먹어두는 것이 좋다. 그 안에 든 트립토판tryptophane이라는 성분이 숙면에 도움을 주기 때문이다.

미국의 시사주간지인 「타임스」는 수면은 뇌를 재충전하고 뇌의 독성을 해소한다고 밝히면서 잠을 잘 자기 위한 몇 가지 방법을 발표하였다. 그 방법으로는 침실 분위기를 어둡게 하고, 저녁은 적어도 잠들기 3시간 전에 먹어야 하며, 잠자는 시간을 일정하게 유지하고, 주말에도 늦잠을 자지 말아야 한다고 했다. 또한 뜨거운 우유는 훌륭한 수면제이고, 잠들기 30분 전에는 논쟁을 삼가야 하며, 심신을 편안하게 하는 음악을 듣다가 잠을 자는 것이 좋다고 하였다.

간혹 잠자리에 들려는 아이에게 "숙제는 다하고 자는 거니?", "내일 학교에 가져갈 것 다 챙겼니?"와 같은 부담스런 말을 하는 부모들이 있다. 이런 말들은 아이의 숙면에 절대 도움이 되지 않는다. 그리고 잠이 오지 않을 때에는 환경을 바꿔서 조용히 취침하게 하고, 자녀가 잠을 잘 때에는 주위를 조용하게 배려해 주자.

음악으로 집중력을 높여라

아이의 집중력을 높일 수 있는 또 다른 방법은 좋은 음악을 들려주는 것이다. 독일 프랑크푸르트 대학의 교육학과에서는 음악교육이 아이의 인성에 미치는 영향을 연구한 바 있다. 그 결과 음악은 두뇌를 자극시켜 두뇌발달에 도움을 주고, 상상력과 창의력을 신장시키며, 알파파를 생성하여 정서적 안정을 가져다주는 것으로 나타났다.

식물에게 좋은 음악을 들려주면 그 성장속도가 빠르고 병충해에도 강하게 성장하며, 젖소에게 좋은 음악을 들려주면 우유의 생산량이 증가한다고 한다. 학생들에게도 명곡이나 고전음악 같은 양질의 음악을 들려주면 집중도를 높일 수 있다.

미국의 의학계에서는 모차르트의 음악을 들으면 아이가 차분해지고 두 뇌 자극에 충분한 효과가 있다고 발표하면서 이를 '모차르트 효과'라고 명명하였다. 그리고 모차르트 효과가 있는 음악으로 '두 대의 피아노를 위한 소나타 K.448 ^{Sonata for 2 Pianos in D major K.448}'의 2악장 안단테, '클라리넷 협주곡 A장조 K.622 ^{Clarinet Concerto in A major, K.622}'의 아다지오, '교향곡 제41번 C장조 KV.551 ^{Symphony No.41 in C Major KV.551}'의 주피터를 꼽았다. 이 세 곡 중에서 첫 번째 곡과 두 번째 곡은 아이들이 공부를 하다가 휴식을 취할 때나 식사시간 또는 잠에서 깨어날 때 듣는 음악으로 좋고, 세 번째 곡은 매우 경쾌하고 신나는 느낌이어서 힘들 때나 기분이 가라앉을 때 들으면 컨디션이 한결 좋아진다고 한다.

좋은 책을 읽는 것은 과거의 가장 뛰어난
사람들과 대화를 나누는 것과 같다.
· 데카르트 ·

7장

모든 교과에
흥미를 갖는 아이들,
이렇게 키워라

수학은 모든 학문의 기초가 되는 핵심과목이자 사고력을 키워주는 중요한 교과이다.

한편 많은 학생들이 힘들어하고 쉽게 포기하는 과목 또한 수학이다. 이것은 수학을 교과서와 문제집으로만 공부하려 하고 생활 속의 수학으로 흡수하지 못하기 때문이다. 그러나 분명한 것은 수학과목을 포기하는 것은 명문대학 진학을 포기하는 것과 같다는 사실이다.

국어를 좋아하는 아이는 책이 만든다

공부는 어떤 아이들이 잘할까?

한국교육개발원에서 고등학교 1, 2학년 중 상위 10퍼센트에 들어가는 학생들의 특징을 조사하였다. 그랬더니 어려서부터 독서를 좋아했고, 공부를 자기주도적으로 했으며, 학원보다는 도서관이나 집에서 혼자 조용히 공부하는 학생이 많았다고 한다. 또한 공부하는 것을 매우 즐거워했고, 문학작품 읽기와 신문 읽는 것을 즐긴 것으로 나타났다. 이것은 모두 독서습관과 연관된 특징들이다. 결론적으로 공부를 잘하는 학생들은 독서를 많이 한다는 말이 된다. 그 아이들은 독서를 통해 공부의 노예가 아닌 공부의 지배자가 된 것이다.

한편 미국의 교육과학연구소에서는 미국사회를 이끌어가는 리더들을 대상으로 어떤 공통된 특성이 있는지를 연구했는데, 리더들 대부분이 어린 시절부터 세계명작 등 좋은 책을 많이 읽은 독서광이었다고 전했다. 결국 초등학교 시절에 읽은 책의 양과 질이 그 사람의 인생에 적지 않은 영향을 미친다는 것을 알 수 있다.

자기주도학습의 어머니는 '독서능력'

독서는 자기주도학습 능력을 길러주는 가장 확실한 방법이다. 그런데 어떤 부모님은 "우리 아이는 책은 많이 읽는데, 성적이 오르지 않는다"며 그 이유를 궁금해한다. 이것은 자녀의 읽기능력이 부족하기 때문이다. 일반적으로 독서능력이 향상되면 읽기능력도 함께 향상된다는 것이 통설이지만, 엄밀히 말하면 '독서능력'과 '읽기능력'은 다르다.

독서능력은 책을 읽고 해독하는 능력을 의미하고, 읽기능력은 글을 읽고 이해하는 수준을 넘어 글이 전달하는 내용을 분석하고, 적용하고, 비판하면서 글의 전체적인 의미를 파악하는 능력을 의미한다.

독서를 통해 습득한 지식과 정보는 사고력과 표현력을 향상시키기 위한 수단에 불과하다. 따라서 책의 내용을 무작정 읽기만 하는 맹목적인 독서는 글자를 처음 배울 때 글자 모양에 맞게 미리 그어져 있는 글자 선을 따라 펜을 움직이는 것과 같이 글쓴이의 생각을 되뇌어보는 단순행위에 불과하다. 읽는 이가 글쓴이의 사상으로 가득 찬 운동장에서 뛰어노는 것과 같아 독서 뒤에 글쓴이의 생각 외에는 아무것도 얻을 수가 없는 것이다.

따라서 독서의 진정한 목적을 달성하기 위해서는 비판하고 사색하는 생각의 과정을 거쳐서 읽는 능력을 길러야 한다. 책 속에 담겨 있는 내용 이상의 것을 창조하여 자기화할 수 있는 능력을 길러야 하는 것이다. 그렇다면 어떻게 해야 이러한 읽기 능력을 기를 수 있을까?

책 읽기 방법

책 읽기는 크게 '준비 단계'와 '독해 단계', '쓰기 단계'로 나눌 수 있다.

준비 단계

'독서란 쓸데없는 짓'이란 생각이 팽배한 사회에서는 책을 읽는 사람들을 좀처럼 찾아볼 수 없다. 혹은 올림픽이나 월드컵 기간 동안에 책이 안 팔리는 경우도 마찬가지다. 이처럼 사회적 분위기가 문화적으로 깨어 있지 않으면 독서하는 사람은 점점 줄게 되고 문화수준 역시 낮아지게 된다. 이것은 가정에서도 마찬가지다. 책읽기를 싫어하는 부모 밑에서 책 읽기를 좋아하는 아이로 자랄 가능성은 높지 않다. 그렇다면 어떻게 해야 아이들에게 책을 읽힐 수 있을까?

자녀의 나이가 어리다면 잠자기 전 머리맡에서 책을 읽어주어 자연스럽게 책의 세계로 안내해보자. 이것은 글을 읽을 줄 아는데도 책읽기를 싫어하는 아이들에게 특히 효과적인 방법이다. 처음에는 쉬운 그림동화를 읽어주다가 차츰 수준을 높여가도록 한다.

또한 독서를 할 때의 실내온도와 소음도, 조명, 책과의 거리 등 환경적인 여건도 고려해볼 필요가 있다. 괴테의 할아버지가 대단한 장서가였던 것처럼 아이들이 책을 읽을 만한 환경을 마련해주어야 한다. 그밖에 책을 읽기 위한 마음가짐이나 주변 상황도 고려해야 하는데, 이때 아이들이 책에 호기심을 가질 수 있도록 꾸준히 안내하고 소개하는 부모의 역할이 중요하다.

먼저 소리 내어 읽기는 문자 판독능력을 향상시키는 좋은 방법이며 쉽고 빠르게 내용에 몰입하게 한다. 하지만 아이 전체가 함께 읽는 일제독은 위험하다. 글자를 아는 아이와 모르는 아이 모두가 피해를 볼 수 있고, 일정한 인토네이션^{intonation}(음의 상대적인 높이와 변화를 이르며 '억양'이라고도 한다)이 아이의 억양을 부자연스럽게 만들 수도 있다.

또한 눈으로 읽는 방법을 사용하면 독서의 속도를 높일 수 있다. 초보자는 눈동자의 정지가 4~5회 정도로 잦은 반면, 능숙해지면 한 행에 2~3회만 정지하게 된다. 이 방법으로 책을 읽으면 글을 생각하며 읽게 해줄 뿐만 아니라 다독에 의해 내용에 대한 추측 능력이 향상되어 속도가 더욱 빨라진다.

준비 단계에서 빠질 수 없는 것이 어휘력 기르기다. 어휘력은 순식간에 길러지는 것이 아니기 때문에 다양한 서적을 읽음으로써 여러 단어를 접해보는 것이 가장 중요하다. 이때 아이들이 모르는 단어를 언제 어디서나 스스로 찾아볼 수 있도록 잘 보이는 곳에 국어사전을 놓아두는 것도 좋고, 신문 활용학습을 통하여 어휘력을 키우는 것도 좋은 방법이다.

독해 단계

독해 단계에서는 축자적 읽기와 추리상상적 읽기, 비판적 읽기를 소개한다.

첫째, 축자적 읽기란 글자 하나하나를 짚어 읽으면서 내용을 파악하는 방법으로, 줄거리 읽기와 요점 읽기, 훑어 읽기로 구분할 수 있다. 이 방법으로 책을 읽다 보면 책 속의 단어와 문장에 따라, 또는 그 문장과 문장의 긴밀한 상관관계에 따라 느낌이 달라져서 더욱 흥미를 느끼게 된다. 초등학교 1학년에서 6학년까지 성장하는 동안 충실하게 책 읽기를 해나갈 때 자주 사용되는 책 읽기 방법이다.

❶ 줄거리 읽기란 그림책, 전래동화, 생활동화와 같이 줄거리가 뚜렷한 책을 읽어주거나 직접 읽게 하는 방법이다. 책 읽기가 미숙한 아이들에게는 언제, 어디서, 누가, 왜, 무엇을 했는지를 책 속에서 손가락으로 짚어보게 하거나 시간적 순서에 맞게 이야기를 만들도록 한 다음 다른 사람에게 말하게 하면 좋다.

❷ 요점 읽기는 짧은 이야기에서 중요하지 않은 낱말(문장)을 고르거나 중요한 낱말(문장)을 찾아내 밑줄을 긋는 방법이다. 요점을 공책에 쓴 다음에 다른 사람에게 말해보는 것이 좋은데, 이때 요점은 한 문단의 설명문 속에서 핵심어를 골라내 정리하면 된다.

❸ 훑어 읽기는 신문, 잡지, 참고서, 백과사전과 같은 글을 읽을 때 흔히 사용하는 방법이다. 제목과 목차, 선전 문구를 보고 예측하는 방법과 책장을 술술 넘기며 읽어보는 방법이 있다.

둘째, 추리상상적 읽기이다. 추론이란 글에 제시된 정보를 토대로 글에 제시되지 않은 정보를 이끌어내기 위해 글쓴이에 대한 정보와 배경지식 등을 토대로 독자가 의미를 구성하는 것이다. 추론은 말하기, 듣기, 읽기, 쓰기 등 언어기능 영역의 전 영역에 걸쳐 요구되는 능력이지만 그중에서도 특히 읽기 분야에서 필요하다.

똑같은 사실을 보고 더 많이 추리할 수 있는 사람은 좋은 생각과 풍부한 생각을 많이 할 수 있는 사람이다. 여기서 추리적 사고란 책을 읽는 과정에서 끊임없이 사고하거나, "왜? 그래서? 무엇 때문에?"처럼 계속해서 의문을 품거나, "만약에? 그와 반대로?"와 같이 있는 사실을 뒤집어 생각해볼 때 길러진다. 그리고 이렇게 길러진 추리력을 통해 문자화되어 있지 않은 행간의 뜻을 알 수 있다.

셋째, 비판적 읽기는 이 세상에는 모순이나 오류가 없는 완전한 글은 없다는 것을 전제로 글을 분석하고 평가하기 위한 읽기 방법이다. 이는 글에 내재된 내용을 독자의 논리적 기준과 객관적 잣대로 따지고 분석하며, 검증을 통해 판단하고 평가하는 능동적인 읽기이다. 비판적 읽기의 방법은 내재적 방법(글 자체를 비판)과 외재적 방법(독자와의 관계)으로 구분할 수 있으며, 여기에는 글을 비판하는 독자 자신에 대한 비판(독자의 개성적인 반응)도 포함되어 있다.

지금까지 책을 읽는 방법에 관해 알아보았는데, 무엇보다 중요한 것은 내 아이가 몇 권의 책을 읽었느냐가 아니라 실제로 아이가 얼마만큼 책의 내용을 이해하였고, 얼마만큼 공감하여 감동하였으며, 그것을 자기 생활 속에 얼마만큼 적용하는지를 살펴봐야 한다는 사실을 기억하자.

쓰기 단계

독후감 쓰기는 여러 가지 독서에서의 종합적인 마무리 단계이며, 독후감 자체가 일종의 논술이라고 할 수 있다. 독후감을 쓰는 데 필요한 모든 능력이 곧 논술을 하기 위한 활동과 정확하게 일치하기 때문이다.

좋은 독후감을 쓰기 위해서는 줄거리 간추리기, 주제 파악하기, 행간 읽기, 추리 상상하며 읽기, 등장인물의 행동에 공감하거나 비판하기, 등장인물의 행동에 대한 대안 모색하기 등을 하게 되는데, 이런 활동을 능숙하게 하는 것은 논술에서도 마찬가지다.

그런데 간혹 교사나 부모들의 지도방법이 서툴다든지, 너무 성급하게 효과를 보려고 해서 아이들의 독서 의욕을 꺾어버리는 경우가 있다. 책을 읽힌 다음에 독후감을 쓰도록 강요하거나 독서기록장을 쓰는 데 깊이 개입하면 아이들은 오히려 책 읽기를 꺼려하게 된다. 따라서 독서기록장은 아주 자세하게 칸을 메우게 하는 양식보다는 쓰기 부담을 줄여주고 인상 깊은 구절이나 장면을 베껴 써보는 단계부터 시작하는 게 좋다.

주인공의 일생	

조선시대의 무관이었던 이순신 장군은 조선 인종 때인 1545년에 태어나 서른두 살 때 무과에 급제한 후, 1592년부터 1598년에 걸쳐 일어난 임진왜란 때 거북선을 앞세워 큰 공을 세웠다. 선조 때 한창 활약하였던 이순신 장군은 1598년 노량해전에서 쫓기고 있는 왜선을 공격하다가 총탄에 맞아 전사하였다.

기억에 남는 이야기	나의 생각과 느낌
❶ 무과 시험을 볼 때의 일이다. 활 쏘기에서는 좋은 성적을 냈으나 말타기에서 그만 말에서 떨어졌다. 이때 이순신은 버드나무 껍질을 벗겨 부러진 다리를 처매고 끝까지 달려 나갔다.	❶ 나는 이 부분을 읽으며 무척 부끄러웠다. 끈기 있는 이순신 장군에 비해 나는 언제나 하던 일을 끝까지 못 하는 버릇이 있기 때문이다. 피아노 학원도……
❷	❷

독서기록장의 내용을 바탕으로 독후감을 작성하게 되면 줄거리 위주로 독후감 쓰는 습관을 고칠 수 있다. 이런 방식으로 일주일에 한 번씩 독서일기를 쓰게 하면 독서에 대한 관심을 지속시킬 수 있고, 풍부한 독서로 지식의 폭을 넓힐 수 있으며, 읽은 책에 대해 주체적인 평가와 판단 훈련을 할 수 있고, 글 솜씨를 향상시킬 수도 있다.

수학을
못하는
우등생은
없다

피자를 먹으면서 분수를 알게 하자

수학은 모든 학문의 기초가 되는 핵심과목이자 사고력을 키워주는 중요한 교과이다. 한편 많은 학생들이 힘들어하고 쉽게 포기하는 과목 또한 수학이다. 이것은 수학을 교과서와 문제집으로만 공부하려 하고 생활 속의 수학으로 흡수하지 못하기 때문이다. 그러나 분명한 것은 수학과목을 포기하는 것은 명문대학 진학을 포기하는 것과 같다는 사실이다.

수학을 잘하기 위해서는 일상생활의 다양한 활동을 통해서 '수학적 원리'를 깨달아야 한다. 즉 어릴 때부터 수학에 대한 관심과 흥미를 가지게 하는 것이 중요하다는 말이다. 초등학교 저학년 학생들은 +, −, ×, ÷ 등 연산

기호나 추상화된 개념을 이해하는 것에 어려움을 겪는다. 하지만 수학은 의외로 우리 생활 가까이에 있다. 보이는 모든 것을 수학공식에 대입할 수 있을 정도로 수학은 우리 생활과 밀접하게 연결되어 있다는 말이다.

이를테면 구구단을 외우면서 주차된 자동차의 바퀴 수를 센다든지, 아파트 계단의 총 개수를 계산한다든지, 한 가구에 4명씩 계산하여 아파트 한 동의 주민 수를 계산해보면 아이들이 수학을 아주 재미있게 생각할 수 있다. 또한 물건을 사오게 하고 거스름돈을 계산하게 하는 활동이나, 피자를 한 조각씩 나누어 먹으면서 분수의 개념을 알게 하는 활동, 고학년에게는 용돈기입장을 써서 각 내역의 비율을 그래프로 표현해보게 하는 등 숫자와 친밀해질 수 있는 다양한 활동들이 많다. 그것들을 찾아 가정에서 연습하다 보면 자연스럽게 수학에 관심을 갖게 된다. 이처럼 평소 생활 속에서 수학적 요소를 관련시켜 지도함으로써 초등학교 저학년 때부터 수학에 흥미와 관심을 갖게 해보자.

수학적 원리를 이해하고 나서 공식을 암기하라

수학은 학생들의 실력 차이가 확연히 구분되는 교과이고, 하루아침에 잘하기도 힘든 과목이다. 따라서 자녀의 수준에 맞는 학습을 매일 조금씩 해야 한다. 특히 4학년부터는 교육과정이 다소 복잡해지고 어려워지기 때문에 수학적인 개념과 이해를 확실히 해놓아야 5, 6학년 과정을 잘 따라갈 수 있다. 너무 쉽거나 너무 어려운 문제로 공부할 경우에는 수학에 대한 흥미를 잃거

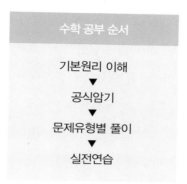

수학 공부 순서

기본원리 이해
▼
공식암기
▼
문제유형별 풀이
▼
실전연습

나 쉽게 포기하게 되므로 수준에 맞는 문제를 골라야 하고, 자녀의 취약한 부분이 어떤 부분인지를 확실히 파악하여 지도해야 한다.

수학을 잘하려면 우선 수학적 개념과 원리를 잘 이해해야 한다. 예컨대, 삼각형의 내각의 합이 180°임을 가르칠 때에는 종이를 삼각형으로 만든 뒤 세 내각을 표시하고 삼각형을 찢어 세 각을 합쳐 보여줌으로서 180°가 됨을 증명하면 된다. 마찬가지로 사각형의 내각의 합이 360°임은 사각형을 접어 사각형이 두 개의 삼각형으로 이루어짐을 이해시킨 후에 180°+180°=360° 가 됨을 알려주면 된다.

이런 방식으로 개념과 원리를 이해한 뒤에는 공식을 암기해야 한다. 수학 은 이해과목이지만 때에 따라서는 암기를 필요로 하는 과목이다. 우리나라 는 구구단을 9단까지 외우게 하지만, 인도는 19단까지 외우게 한다. 이러한 암기교육 때문인지 인도는 수학과 IT 쪽에서 세계적인 두각을 보이고 있다. 초등학교 과정에서는 암기할 만한 공식이 많지 않지만, 중고등학교에 진학하 면 암기할 공식들이 많아진다. 그런데 외워야 하는 공식들은 반드시 기본적인 수학적 원리나 법칙을 이해하고 난 다음에 암기해야 하고, 공식을 암기한 뒤에는 유형별로 문제풀이를 한 다음에 실전연습을 통해 시험에 대비해야 한다.

수학 성적이 우수한 아이들을 대상으로 조사해본 결과 다음과 같은 공통점이 있었다. 교과서를 중심으로 공부하고, 선수학습을 철저하게 하였으며, 학교 수업에 집중하였고, 암기보다는 수학적 원리를 이해하려고 노력하였다. 또한 알고 있는 문제라도 충분히 복습하고, 실수를 했던 문제는 오답노트에 다시 정리를 했다. 뿐만 아니라 교과서를 완벽히 공부한 후에 문제집 풀이를 했고, 문제를 직접 내고 그것을 직접 풀어보는 활동을 하였다.

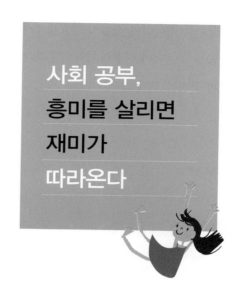

사회 공부,
흥미를 살리면
재미가
따라온다

사회 공부는 체험학습과 독서로 채워라

사회 교과에서 다루고 있는 내용은 우리의 일상생활 자체를 담은 내용으로, 크게 지리, 역사, 정치, 경제, 문화 등의 범주로 나눌 수 있다.

사회과를 잘할 수 있는 가장 효과적인 방법은 지리, 경제, 역사, 문화, 정치에 관한 체험활동을 어릴 때부터 자주 해보는 것이다. 예컨대, 신라의 역사를 학습할 때 직접 불국사를 다녀온 학생은 더 강한 학습동기를 가지고 수업시간을 주도적으로 이끌게 된다.

따라서 교과서에 나오는 지역의 관공서, 박물관, 유적지, 지형, 지역 풍습 등을 둘러보면서 내용을 직접 정리해보거나, 경제와 관련된 기업이나 유통

센터를 견학하여 기업이 어떻게 움직이는가를 파악하거나, 시의회나 구의회 등을 방문하여 지방의회의 역할과 기능을 직접 경험해보면 사회과목에 관심 과 흥미를 갖게 될 것이다.

이를 위해 주말이나 방학 때 아이들과 함께 교과서와 관련된 여러 분야의 지역을 찾아가보는 것이 중요하다. 선거날에 자녀를 투표소로 데리고 가서 투표하는 것을 직접 보여주는 것도 체험학습의 좋은 사례가 될 것이다. 또한 장례식장에 함께 가서 죽음과 상실의 의미를 생각해보게 하는 것도 사회를 이해하고 인성교육을 하는 데 도움이 된다.

특히 요즘은 주 5일제로 바뀌면서 예전보다 체험학습을 할 기회가 많아졌 다. 그런데 체험학습을 할 때에는 반드시 구체적인 계획에 따라 실시해야 효 과를 거둘 수 있다. 체험학습을 통해 채워주지 못하는 부분은 독서로 보충해 야 한다. 특히 역사는 관련 내용에 관한 배경지식을 알 수 있는 독서가 필요 하다.

지식과 정보의 활용능력을 키워라

사회 과목은 일상생활과도 직접적으로 연관된 교과이기 때문에 아이들이 쉽게 흥미를 느낄 수 있다. 사회 교과서는 교육과정상의 핵심개념으로 구성 되어 있고, 사회과 탐구는 사회 교과서의 내용을 심화·보충해주는 보조 교 과서이며, 사회과 부도는 각종 지도와 통계자료, 도표, 그림자료, 사진자료 등이 제시되어 있어 필요할 때 수시로 활용할 수 있다.

사회과는 지식을 암기하는 교과가 아니라 지식과 정보를 얻는 과정과 활용능력을 중시하는 교과이다. 따라서 일상생활에서 부딪히는 사회적인 사실이나 현상에 관심을 가지고 당면한 문제를 스스로 해결해 나가려는 자세를 가져야 한다. 또한 다양한 학습자료를 활용할 수 있어야 한다. 신문, 방송, 각종 통계자료, 지도, 사료 등에 관심을 가지고 그것을 학습에 활용하는 습관을 기르는 것이 유리하다. 특히 빠르게 변화하는 현대사회에서 인터넷 자료를 활용하여 공부하는 습관도 중요하다.

사회과는 조사와 보고학습이 많이 이루어지므로 문헌조사 등 필요한 자료를 찾는 활동에 자발적으로 참여하고 문제를 해결하려는 자세가 요구된다. 또한 조사한 자료를 다른 사람이 쉽게 이해할 수 있도록 보고서를 작성해보면 많은 도움이 된다. 평소에 사회과와 관련된 다양한 독서를 하는 것도 좋다. 지리, 역사, 경제 등에 관한 다양한 책을 읽는 습관을 기른다면 사회과 공부를 한결 수월하게 할 수 있을 것이다.

과학적
흥미는
가정에서부터
키워라

우리 집은 '과학실험실'

과학을 어렵고 재미없는 과목이라고 생각하는 아이들이 꽤 많다. 이것은 학교교육이 아이들에게 과학에 대한 흥미를 이끌어내지 못했기 때문이다. 과학에 대한 흥미를 불러일으키려면 실험과 실습 기회가 자주 제공되어야 하는데, 우리나라의 교육 실정은 사실 그렇지 못하다. 그렇다면 어릴 때부터 아이들이 과학에 호기심과 흥미를 갖게 하려면 어떻게 해야 할까?

첫째, 과학 공부는 그냥 외우기만 하면 재미가 없고 지루하므로 평소에 배운 지식을 실제 생활에 적용하는 습관을 기르는 것이 좋다. 그 방법 중의 하나가 집에서 할 수 있는 여러 가지 흥미로운 실험을 통해 과학적 원리를 깨닿게 하는 것이다. 예컨대, 고무풍선을 불어 바늘로 찌르면 터지지만, 테이프를 붙이고 찌르면 터지지 않는다는 것을 실험을 통해 보여줌으로써 공기압에 대한 과학적 원리를 경험하게 하는 것이다. 또한 고무풍선을 불에 가열하면 터지지만, 풍선에 물을 넣고 가열하면 터지지 않는 실험을 하면서 열의 전도와 대류에 대해서도 설명할 수 있다. 그 외에도 아이들이 좋아하는 비눗방울 만들기, 물질의 분류, 분자운동 등은 가정에서도 쉽게 할 수 있는 과학실험이다.

둘째, 과학 관련 책을 많이 읽는 것이다. 과학의 원리를 이해하는 데는 과학책만 한 것이 없다. 유아와 초등학생의 경우에는 『초등 과학사전』, 중학생은 『살아있는 과학 교과서』, 『과학자가 들려주는 과학이야기』 등의 책이 과학적 호기심을 불러일으키는 좋은 책이다. 학습만화도 잘만 활용하면 과학적 호기심을 기르는 데 도움이 된다. 특히 과학 도서에는 다이어그램, 그림, 차트, 그래프 등의 도표가 많은데 책을 읽기 전에 이러한 그래픽 자료를 보면서 과학적 흥미를 높일 수도 있다.

셋째, 과학을 소재로 한 영화와 애니메이션, 다큐멘터리 등을 봄으로써 과학적 흥미를 높일 수 있다. 또한 주말이나 방학을 이용하여 과학 관련 캠프나 전시회 같은 견학이나 체험활동을 해보는 것도 좋다.

초등학교 때 과학 공부에 자신감을 잃으면 중학교에 가서 과학에 대한 두려움이 생기게 되고, 급기야는 과학을 포기하는 경우도 생긴다.

미국의 영화감독인 스티븐 스필버그의 어머니는 아들의 영화 촬영을 위해 압력솥을 폭파시키는 실험을 함께 했다는 일화도 전해진다. 이처럼 가정에서 과학적 흥미를 길러주면 학교에서의 과학수업에도 흥미를 갖게 되고, 과학자의 꿈을 키워나갈 수 있을 것이다.

'왜'라는 질문을 자주 던져라

2010년 새롭게 개정된 초등학교 과학 교과서는 학생들이 관심 있는 주제를 스스로 선택하게 함으로써 자기주도적 탐구 기회를 제공하고 과학에 대한 흥미와 관심을 높일 수 있는 방향으로 개정되었다. 또한 주변 환경에서 발견되는 사물과 생명체, 사건들에 대하여 질문을 제기하게 하는 등 일상생활과 관련된 주제 탐구를 통해 과학이 기술과 사회에 미치는 영향에 대해 인식하도록 하였다.

과학은 어떤 현상에 '왜'라는 질문으로 그 문제를 풀어가는 태도와 그 이론의 바탕이 되는 과학적 지식을 아는 것이 가장 중요하다. 따라서 과학 공부를 잘하려면 교과서에 나오는 기본적인 용어와 기호 개념들을 철저히 이해해야 한다. 또한 과학 교과서에는 그래프와 그림 도표가 많이 나오는데 이런 요소가 의미하는 것이 무엇인지를 정확히 알아야 한다. 특히 실험장치나 실험결과에 대한 그림이나 도표는 더욱 중요하다.

그 밖에도 관찰일기나 과학일기를 써보는 것이 공부에 큰 도움이 된다. 자신이 알고 있는 과학적 지식을 바탕으로 과학일기를 쓰면 기억, 이해, 적용 등 지식 분야의 공부가 한결 수월해지기 때문이다.

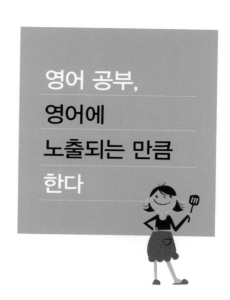

영어 공부,
영어에
노출되는 만큼
한다

집안 환경을 '영어화'하자

가정에서 영어를 잘 지도하기 위해서는 어떻게 해야 할까? 무엇보다도 다음 두 가지의 조건이 선행되어야 한다. 첫째는 가정에서도 영어 노출환경을 조성해주는 것이다. 모두가 알고 있는 사실이지만, 영어를 가장 효과적으로 쉽고 빠르게 배울 수 있는 방법은 영어권 국가에 거주하면서 영어를 습득하는 것이다. 이들 국가에서의 생활은 일분일초가 영어에 노출되는 환경일 수밖에 없기 때문이다. 하지만 자녀를 해외에 거주하게 하는 것이 결코 쉽지가 않기 때문에 가정에서 되도록 영어 노출환경을 많이 조성해주어야 한다.

그렇다면 어떻게 해야 영어 노출환경을 조성할 수 있을까? 가정 환경을 영어화하기 위해 집안에 항상 영어노래와 영어테이프를 틀어놓아 영어듣기를 익숙하게 하는 것도 한 방법이 될 것이다. 또한 영어로 녹음된 만화나 영화를 보게 하면 듣기와 말하기 능력을 높여주는 데 도움이 된다. EBS나 영어전문방송을 시청하게 하는 것도 좋고, 집안의 벽면과 공부방에 영어그림이나 사진을 영어 문자와 함께 붙여두고 수시로 내용을 바꾸어주면 효과적이다. 이렇게 다양한 방법으로 영어 노출환경을 만들어주면, 아이들은 무의식적으로 은연중에 영어의 감과 억양과 강세와 발음을 익히고 들으며 이해하게 되고, 나중에는 전체적인 내용을 자연스럽게 익힐 수 있다.

영어를 사용할 기회를 만들자

둘째, 영어를 사용할 수 있는 기회를 확대하는 것이다. 영어노출 빈도가 아무리 많더라도 입이 트이지 않는다면 그 모든 노력이 무용지물이 될 것이다. 그러기 위해서는 영어 노출환경에서 영어를 자유롭게 사용할 수 있는 기회가 주어져야 한다.

영어로 말할 수 있게 하는 가장 좋은 방법은 원어민 또는 원어민 영어교사와 접촉할 기회를 의도적으로 마련하는 것이다. 또한 다양한 영어체험 기회를 갖는 것도 좋다. 예컨대, 영어마을을 방문한다든지, 학교에서 실시하는 각종 영어캠프에 참여할 수도 있을 것이다.

영어를 실생활에 도입하기 위해서는 가능하다면 가정에서 배운 내용을 영어로 말해보게 하거나 어떤 주제를 정해 영어로 1분 또는 5분간 말하는 시간을 갖는 것도 바람직하다. 부모와 파트너가 되어 영어로 대화하거나 아이와 서로 영어로 퀴즈를 내고 답을 맞히는 게임을 하는 것도 좋다.

고학년부터는 말하기와 함께 영어로 일기를 쓰게 해보자. 부모가 아이의 영어 공부를 직접 가르치는 일이 불가능하다고 느끼겠지만 실제로는 그렇지 않다. 영어교육에 대한 몇 가지 기본적인 사항을 이해한다면 가정에서도 충분히 영어지도를 할 수 있다.

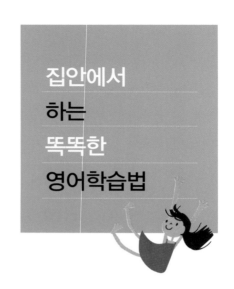

집안에서
하는
똑똑한
영어학습법

듣기와 말하기 지도법

TV 프로그램

유치원과 초등학교 때의 듣기·말하기 지도는 TV 프로그램을 활용하는 것이 좋다. 가정에서 가장 저렴하게 영어지도를 할 수 있는 방법이기 때문이다. 최근에는 아이들의 영어학습을 위한 좋은 프로그램들이 많이 방영되고 있다.

다만 TV를 통해 영어교육을 할 때에는 다음과 같은 점을 유념해야 한다. 우선 나이가 어린 자녀일수록 반드시 부모와 함께 TV를 시청하면서 대화를 하고 아이의 수준에 맞는 프로그램을 선택해야 한다. 일정 시간 같은 프로그램을 반복적으로 시청하면서 중요한 표현이 나오면 부모가 메모를 해두고, 점차 자막을 가려나가는 것이 바람직하다. 또한 시청시간을 일정하게 정해놓는 것이 좋다.

비디오나 DVD

TV 프로그램과 함께 비디오나 DVD를 활용하는 것도 좋은 방법이다. 예를 들어 '토이 스토리', '알라딘', '베토벤' 등 잘 알려진 영어 애니메이션을 활용하면 아이들이 쉽게 흥미를 보일 것이다. 이때에도 시청시간을 일정하게 정해두어야 한다. 초등학생은 대개 집중하는 시간이 20분 정도이므로, 이를 반영하여 초등학교 1~2학년은 20분, 3~4학년은 30~40분, 고학년은 한 편을 다 시청할 수 있도록 한다.

TV 만화 전문채널에서 방송하는 영어 애니메이션도 훌륭한 영어교재가 된다. 일부 채널에서는 아이들이 지루해하지 않도록 30분 단위로 만화를 방영한다. 이러한 시청각 자료는 좋은 영어교육 도구임에 분명하지만, 자칫 흥미 위주로 보는 습관이 생기면 다른 공부를 방해할 수도 있으니 주의하자.

영어동화

영어동화를 읽어주는 오디오 교구를 활용하는 것도 좋은 방법이다. 인터넷 검색사이트에서 영어동화란 키워드로 검색을 하면 다양한 유·무료 영어동화 사이트가 나온다. 이러한 영어동화 콘텐츠는 수준별로 제공되므로 내 아이의 수준에 맞는 것을 선택해서 지도하면 효과적이다.

음악과 찬트

텍스트에 지쳤다면 음악을 곁들여서 배우는 것도 효과적이다. 아이들은 음악이나 찬트를 통해서 영어 공부를 하는 것을 상당히 즐거워한다. 음악과 찬트를 선택할 때는 아이에게 적합한 가사인지, 가사표현이 실생활과 밀접한지를 먼저 체크하자. 또한 반복적인 가사인지, 쉬운 리듬으로 따라 부를 수 있는지, 몸으로 쉽게 표현할 수 있는지를 부모가 먼저 살펴보면 좋다. 특히 찬트를 따라 몸으로 표현해보면 영어를 더 잘 배울 수 있기 때문이다.

영어 듣기훈련이 잘 되어 있으면 대체로 말하기도 잘한다. 말하기를 할 때에는 되도록 원어민의 발음을 그대로 모방하는 것이 좋으므로 직접 또는 간접적으로 원어민의 발음을 듣고 최대한 큰소리로 따라해보도록 도와주자. 내성적인 아이는 더더욱 큰소리로 따라하는 습관을 가질 수 있도록 부모가 관심을 갖고 지도하자.

말하기는 반복학습이 가장 중요하다. 따라서 거울을 보고 자신의 입모양에 유의하여 말하는 연습을 하고, 자기 목소리를 녹음해서 들어가면서 반복적으로 말하기 연습을 하면 더 효과적이다.

읽기와 쓰기 지도법

영어동화 활용하기

읽기는 영어동화책으로 시작하는 것이 좋다. 영어동화책은 몇 가지 기준을 정해서 골라 읽게 하면 좋은데, 우선은 감동을 얻을 수 있는 작품 위주로 고르자. 아이들이 싫증을 내지 않고 재미있게 읽을 수 있는 책이어야 하기 때문이다. 따라서 남들이 좋다고 하는 책을 사는 것보다는 내 아이가 어떤 책을 좋아하는지를 파악하는 것이 제일 중요하다.

또한 운율이 있는 그림책을 고르는 것이 좋다. 운율이 있는 동화는 문장이 반복되기 때문에 어휘나 그 내용을 쉽게 파악할 수 있다. 또한 너무 쉽거나 너무 어렵지 않도록 아이 수준에 맞는 책을 골라야 한다. 그리고 오디오와 사람의 목소리를 같이 활용하는 편이 효과적이다. 이를테면 오디오를 세 차례 정도 듣고 난 뒤에 소리 내어 크게 한 번 읽어보도록 하는 것이다.

그리고 그림만으로도 내용이 잘 전달되는 영어동화책을 선택하는 것이 좋으며, 동화책을 선택할 때는 종류나 분야가 다양해야 한다. 문장의 의미와 뜻이 그림으로 잘 표현되어 있으면 굳이 해석을 하지 않아도 그림을 통해서 영어의 의미를 파악할 수 있기 때문이다. 재질이나 모양이 다양하면 더 많은 흥미를 유발시킬 수 있다. 그 밖에도 오디오 활용방안이나 읽기지도에 대한 동호회 사이트를 적절히 이용하여 서로의 교육경험을 공유하면서 도움을 주고받는 것도 유용하다.

이와 같은 방법으로 동화책을 선정한 후 읽기 지도를 하되 되도록 아이들이 이미 알고 있는 동화책을 권유하고, 감수성이 풍부한 사춘기 아이들에게는 로맨틱한 줄거리의 동화책을 읽히는 것이 좋다.

영어로 일기쓰기

영어 사용능력이 향상되면 쓰기 지도를 해야 한다. 영어로 많은 글을 써봄으로써 영어활용 능력과 어휘력을 함께 높일 수 있다. 간혹 초등학교 고학년이 되면서 영어일기를 쓰는 아이들이 있는데 영어 일기쓰기는 영어쓰기 능력을 향상시키는 좋은 방법 중의 하나이다. 무엇보다도 영어일기는 학습한 어휘를 상기시키기 때문에 복습 효과가 크고, 강한 학습동기를 불러일으킨다.

물론 영어일기를 처음 쓸 때에는 먹고 자고 학교에 가는 판에 박힌 일상을 주로 기록할 것이다. 그러나 계속해서 쓰게 되면 스스로 이러한 일상의 기록에서 벗어나 하나의 주제를 가지고 쓰고자 하는 동기가 생긴다. 주제를 가지고 일기를 쓰게 되면 구체적인 단어를 찾는 등의 영어학습을 하게 되기 때문에 스스로 영어 공부를 하는 습관까지 덤으로 얻게 된다. 또한 영어일기는 생활 속에서 접하는 영어 문장에 관심을 가지게 한다. 간판이나 광고와 같이 실생활에서 쉽게 접할 수 있는 영어 문장을 기억해 두었다가 재활용할 수 있기 때문이다.

마지막으로 영어일기의 좋은 점은 바로 영어활용 능력을 높여 잘 잊어버리지 않게 한다는 것이다. 이러한 영어일기와 함께 영어편지(펜팔), E-mail, 채팅 등의 방법을 사용하는 것도 좋은 쓰기 지도법이 될 수 있다.

어휘와 문법 지도법

듣기, 말하기, 읽기, 쓰기의 네 가지 영역에 대한 이해가 어느 정도 수준에 이르면 어휘와 문법지도를 병행해야 한다. 어휘 지도는 시중에 나와 있는 영어 어휘서적의 질이 매우 좋으므로 그 책들을 활용하여 공부하면 된다.

어휘지도가 중요한 이유는 어휘를 많이 알고 있으면, 알고 있는 하나의 어휘만으로도 의사표현이 가능하기 때문이다. 예컨대, 화장실을 가고 싶다는 의사표현을 외국인에게 하기 위해서는 Toilet, Bathroom과 같은 명사 하나만 알고 있어도 충분히 소통이 가능하다. 즉 One Word English를 할 수 있게 되는 것이다.

초등학교에서 가르치는 어휘량은 약 520개이고, 인명 · 지명 · 기수 · 서수 등의 어휘를 합치면 상당히 많은 양의 어휘가 된다. 초등학생에게 이보다 많은 어휘를 학습하도록 하는 것은 좋지 않다. 520개 내외의 어휘를 구체적 실물을 통해 가르치는 것이 가장 바람직하다. 실물과 비교하며 어휘를 가르치기 힘든 경우에는 그림을 이용한다. 자동차 그림과 물고기 그림을 제시하면서 car, fish라는 단어를 설명하는 것이다.

run, swim과 같은 동사의 경우는 그림이나 실물보다는 동작, 실제 몸짓을 통해서 지도하는 것이 더욱 효과적이다.

또한 small과 big 같은 반대어, cap과 hat 같은 유의어, funiture 같은 보편적인 어휘 대 table, desk, sofa와 같은 개별적인 어휘 등 의미적 상관관계를 가지고 있는 낱말들은 비교하여 짝짓는 활동으로 효과적인 어휘 지도를 할 수 있다.

어느 정도의 영어 수준에 도달한 아이들이라면 문법과 관련한 지도를 병행해야 한다. 문법을 지도할 때에는 문법 지도임을 밝혀서는 안 되고 교재의 문맥을 통해서 자연스럽게 지도해야 한다. 이렇게 할 때 아이들이 부담감을 가지지 않으면서 자연스럽게 교재 속에서 문법과 문장 구성의 원리를 체득할 수 있다.

영어교육, 과욕은 금물이다

영어교육에 대해서 부모님들께 하고 싶은 말은 딱 하나다. 바로 '과욕은 금물'이라는 것이다. 부모의 과욕은 자칫 자녀의 영어 학습동기를 떨어뜨릴 수 있다. 그래서 더욱 더 진도에 연연해서는 안 된다. 초등학교 수준에서는 영어에 대한 흥미를 불러일으키고, 동기를 자극하는 수준으로 그쳐야 한다는 것을 잊지 말자.

부모를 위한 영어교육의 팁을 몇 가지 제시한다.

첫째, 자녀에게 영어에 대한 흥미와 관심, 자신감을 불러일으킬 수 있도록 노력해야 한다. 이를 위해 영어교육 자료는 아이 연령보다 조금 낮은 수준으로 선택하는 것이 좋다. 아무리 내용이 재미있고 아는 내용이라도 아이가 모르는 단어가 많이 나오면 학습효과가 떨어지기 때문이다.

둘째, 가정 내에서의 영어 노출환경을 극대화해야 한다. 가능한 한 가정의 모든 환경을 영어화한다.

셋째, 아이에게 영어 철자를 암기하라고 강요해서는 안 된다. 어휘를 자연적으로 이해하게 되고 파악할 수 있게 해야 한다.

넷째, 영어표현을 과도하게 번역, 해석하는 것을 삼가야 한다. 어릴 때의 영어학습은 우리말과 영어를 구분하지 않고 동시에 이루어지는 특성이 있다. 그런데 옆에서 해석을 해주면 아이가 영어 문장을 접했을 때 영어 자체로 이해하는 것이 아닌 한글로 해석을 하는 사고과정을 거쳐 이해하게 된다.

마지막으로 영어지도는 짧은 시간씩 매일 꾸준히 지도해야 한다. 아이가 영어 공부를 즐거워 할 때는 공부시간을 조금씩 늘려나가는 것이 좋다. 하지만 중요한 점은 매일매일 꾸준하게 반복적으로 해야 한다는 점이다.

다시 강조하지만 초등학교에서의 영어교육은 중고등학교에서 영어를 잘할 수 있도록 흥미를 유발시키는 단계이다. 따라서 욕심을 버리고 격려와 칭찬으로 아이를 붙돋아주는 현명한 자세가 필요하다.

노트 필기와 연습장의 공식

일반적으로 공부를 잘하는 학생은 감정조절과 시간관리, 기억관리, 노트 필기 등에서 보통 학생들과 다르다. 특히 노트 필기와 연습장 사용은 남들보다 깨끗한 편이며, 세밀하고 치밀하게 되어 있다. 수업시간에 진행되는 내용을 완전히 아는 경우는 노트 필기를 하지 않고, 교과서에 제시되지 않았거나 선생님이 강조하거나 반복되는 내용이거나 단서가 될 수 있는 단어에는 선생님의 표정까지도 메모하고 특별히 중요하다고 생각되는 내용을 적기 때문이다.

경우에 따라서는 그림이나 표를 사용하여 한눈에 알 수 있게 필기한다.

학생들이 눈으로만 책을 읽을 때와 소리 내어 읽고 손과 발 등 몸동작으로 표현할 때 암기와 이해의 정도, 활용의 정도가 다르게 나타나듯이 노트 필기는 수업시간에 딴 생각을 할 틈을 주지 않고 수업에 집중할 수 있도록 도와준다. 노트 필기한 내용을 통해 복습하면 수업시간이 생생하게 재현되어 복습 효과를 훨씬 더 높일 수도 있다.

연습장은 공부를 하면서 키워드나 중요한 부분을 암기하는 데 필요하다. 중요한 내용은 써보고 밑줄을 긋거나 동그라미를 치거나 그것을 다시 지워가며 기억과 암기를 강화한다. 때로는 공부하는 도중에 연습장에 '문제를 끝까지 읽자', '전체를 파악하고 부분을 보자'와 같은 자기반성을 하고 '나는 이번 수능에서 437점을 맞을 수 있어', '나는 꼭 해낼 수 있어'라고 써봄으로써 의지를 새롭게 다지기도 한다.

특히 수학문제 풀이에서 연습장 활용은 무엇보다 중요하다. 수학문제 풀이의 경우 연습장을 세로로 반으로 나누고 왼쪽 위에서부터 풀어나간다. 수학문제는 연습장의 여기저기에다 풀지 말고 차례차례 깨끗한 글씨로 풀어감으로써 오답일 경우에는 풀이과정을 통해 어디에서 실수하였는지 알 수 있도록 해야 하고, 정답일 경우에도 자신이 풀이한 방법과 교과서 또는 참고서에서 풀이한 방법이 어떻게 다른지를 비교할 수 있어야 한다. 연습장을 잘 활용하면 기억력을 증진시키고 문제풀이의 오류를 줄일 수 있다.

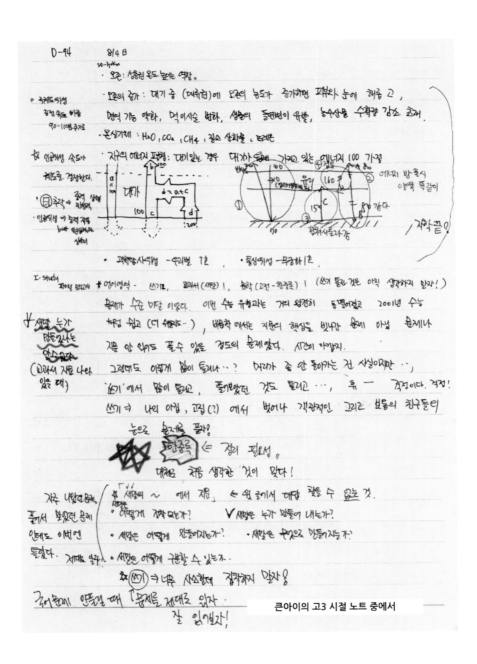

큰아이의 고3 시절 노트 중에서

202

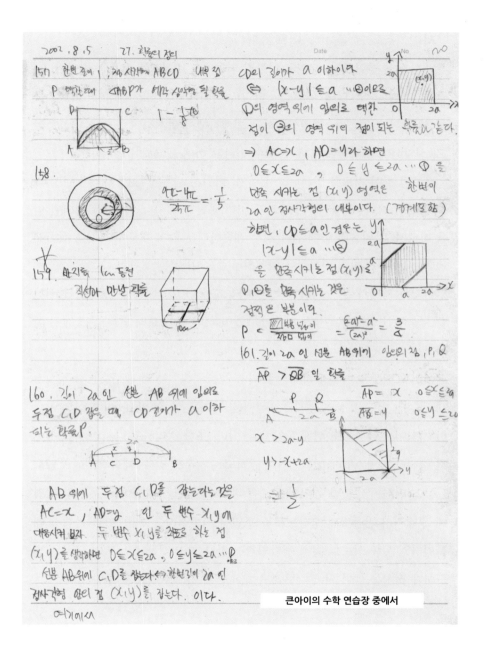

자이가르니크 효과를 이용하자

나는 산을 좋아한다. 그리고 아무리 힘들어도 정상까지 오르는 편이다. 지금까지 많은 산을 다녔는데 모두 다 기억하지는 못하지만 정상에 오르지 못한 산은 다 기억한다. 지리산에서는 법계사에서 통제하여 도중에 하산했었고, 진악산에서는 동료가 더 오를 수 없다고 하여 포기해야 했다.

잘못된 길이 지도를 만든다고 했던가. 미완성 과제에 대한 기억이 완성 과제에 대한 기억보다 더욱 더 강하게 머리에 남는 법이다. 즉 사람은 어떤 일을 하다가 그 일을 도중에 멈출 경우 계속하려는 의지 때문에 기억을 잘하게 된다는 말이다. 마치 첫사랑은 영원히 잊을 수가 없는 것처럼.

이것을 자이가르니크 효과 zeigarnik effect 라고 한다. 학생이 시험공부를 열심히 했는데 아쉽게 틀린 문제가 있으면 그것이 기억 속에 오래 남는 것도 같은 이치다.

이러한 현상을 이용해 다시는 틀리지 않도록 하기 위해 오답노트를 정성스레 만들면 어떤 유형의 문제를 자주 틀리는지를 알 수 있고, 어떤 이론에 대한 지식이 부족한지도 쉽게 파악할 수 있다. 또한 정리하고 다시 보는 과정에서 문제가 자연스럽게 이해되거나 암기되는 경우도 있다. 계속적으로 오답노트를 정리하면 비슷한 유형의 문제를 다시 틀릴 확률이 줄어든다. 시험 직전에 그때까지 만들었던 오답노트를 보면서 최종정리를 하면 '이런 문제를 왜 틀렸나?' 싶을 정도로 쉽게 생각되기도 한다. 따라서 오답노트의 글씨는 깨끗하게 정성을 들여 써서 나중에도 다시 볼 수 있도록 기록해두면 좋다.

교육은 어머니의 무릎에서 시작되고,
유년기에 들은 모든 언어는 성격을 형성한다.
· 아이작 ·

8장

자녀의 훌륭한
라이프코치가
되어라

지금 자라나는 세대들에게는 현재가 아닌 미래를 내다보고 이루어지는 직업설계가 필요하다.
긍정심리학의 창시자인 마틴 셀리그먼은 '사람이 느낄 수 있는 가장 큰 행복은 자신이 잘할 수 있는 일을 하고 있을 때 나타난다'고 하였다. 자녀가 좋아하는 일을 찾고 그 일을 직업으로 삼아 살아갈 수 있도록 자녀교육을 설계하는 것이 바로 이 시대 부모의 역할이다.

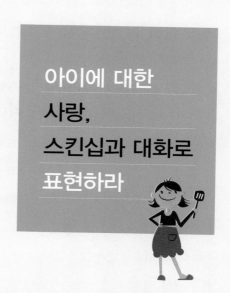

아이에 대한 사랑, 스킨십과 대화로 표현하라

아이와 친한 부모가 되어라

자녀교육은 아이와 부모가 얼마나 친밀한가에 달렸다고 해도 과언이 아니다. 아이들은 자녀와 부모와의 관계가 어떤가에 따라 제시하는 그림에서와 같이 네 가지 삶의 자세를 가지게 된다.

첫째는 자신도 긍정하고 타인도 긍정하는 자세이다. 이는 자신과 부모 모두의 가치를 긍정하는 가장 바람직한 태도로서, 건강한 아이들이 갖는 삶의 자세라고 할 수 있다. 둘째, 자기를 부정하고 타인을 긍정하는 자세이다. 이는 대부분의 아이들이 보편적으로 갖는 삶의 자세라고 할 수 있다. 아이들은 부모의 보살핌을 받아야 생존이 가능한 자신에 대해 무능력하다고 생각하고 자신의 가치를 인정하지 못한다. 반면에 자신의 욕구를 충족시켜주는 부모는 위대하고 완벽한 존재라고 생각하여 그 가치를 인정한다. 셋째, 자기와 타인 모두를 부정하는 자세이다. 부모에게 애정 어린 양육을 충분히 받지 못한 아이들에게 주로 나타나는 태도이다. 부모로부터 자신의 가치에 대한 부정적인 영향을 받은 아이는 부모의 가치에 대해서도 부정적인 반응을 보이게 된다. 넷째, 자기는 긍정하지만 타인은 부정하는 병리적인 자세이다. 이러한 아이는 자신을 희생자라고 생각하는 경향이 있으며, 흔히 공격적이고 호전적이고 독선적인 태도를 보인다.

아이 자신과 부모가 모두 긍정적인 삶의 자세를 가지려면 부모와 자식 간의 관계가 매우 친밀하고 가까워야 한다. 그렇다면 자녀와의 친밀도를 높이기 위해서는 무엇부터 시작해야 할까? 부모와 자녀 간의 친밀도를 높이기 위한 노력은 아이가 엄마의 뱃속에 있을 때부터 시작해야 한다. 뱃속에 있을 때부터 태담을 나누면서 어머니의 따뜻한 생각과 마음을 온전히 전해주는

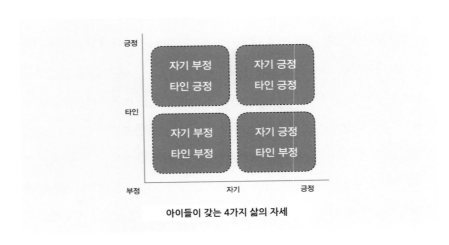

아이들이 갖는 4가지 삶의 자세

것이 좋다. 태아는 이때 들었던 소리와 자극을 기억한다. 출산을 한 달 앞둔 임산부에게 특정 동화를 읽어주었더니 신생아들이 태아 때 들었던 특정 동화를 좋아했다는 연구결과도 있다. 태아 때부터 시를 낭송하고, 동화책을 읽어주고, 태담을 하는 것이 부모와 자녀의 친밀도를 높이고 교육 효과를 높이는 데 효과적이라는 말이다.

말보다 강한 스킨십의 힘

친밀도를 높이기 위해서는 '스킨십'이 절대적으로 중요하다. 심리학자인 해리 할로우는 스킨십에 대한 영장류의 반응을 살피기 위해 철사로 만든 원숭이와 헝겊으로 만든 원숭이의 젖가슴에 젖병을 매달아 아기 원숭이가 어느 쪽에서 젖을 먹고 노는지를 관찰하였다. 그 결과 원숭이들이 젖을 먹을 때는 양쪽에서 먹었지만 평상시에는 헝겊으로 만든 원숭이 곁에서 노는 모습이 발견되었다. 원숭이들도 피부접촉을 통해 포근한 느낌을 받고 싶었던 것이다.

동물인 원숭이도 이처럼 따뜻한 스킨십을 원하는데 사람은 두말할 필요도 없다. 특히 어린아이에 대한 스킨십은 부모와 자녀 간의 친밀도를 높이는 데 매우 중요한 역할을 한다. 우리 몸에는 촉각을 받아들이는 수용체가 온몸에 퍼져 있고 감정적인 요소를 지니고 있기 때문에 포옹과 입맞춤, 악수, 어깨를 가볍게 두드리는 스킨십이 좋은 감정을 불러일으킨다. 특히 아이가 중고등학생이라면 지쳐 보일 때 조용히 다가가서 등을 안아주고, 피곤할 때 어깨와 목덜미를 주물러주고, 슬퍼하거나 실망했을 때에는 따뜻하게 안아주고,

화가 났을 때는 손등을 가볍게 어루만져주자. 평소 부모에게 반감을 가지고 있던 아이라도 부모의 진심 어린 스킨십에는 마음이 돌아설 것이다.

대화 시간과 성적은 비례한다

친밀도를 높이기 위해서는 많은 대화가 필요하다. 'Selp-Help' 분야의 전문 상담가인 맥사인 슈널은 『만족』에서 "표현하지 않고서는 마음도 정열도 전해지지 않는다. 행동으로, 대화로, 글자로 생각을 모두 표현해야 비로소 뜻이며, 꿈이며, 사랑이 되는 것이다"라고 하였고, 대화가 참된 인간이 되기 위한 중요한 요소라고 강조하였다. 대화는 부모와 자녀 간의 친밀도를 높이고 성취를 높이는 보약과도 같다. 밥상머리에서, 학교에서 자녀가 돌아왔을 때, 자녀가 잠자리에 들기 전에 여러 가지 학교생활과 공부, 이성관계와 친구관계 등을 주제로 대화하는 것을 일상화해야 한다. 목욕탕에서 등을 밀어주면서, 공원의 벤치에 앉아 대화를 나누면서 자녀의 마음을 읽어야 한다. 특히 목욕탕에서 모자 간에 그리고 부자 간에 서로 등을 밀어주면서 하는 대화는 자녀들이 사춘기를 극복하는 데 큰 도움이 된다.

초등학교 6학년생을 대상으로 자녀와 부모 간의 대화 시간과 학업성취도 간의 관계를 연구하였다. 매일 대화하는 학생이 20명, 일주일에 3~4번 대화하는 학생이 20명, 일주일에 한 번 이하로 대화하는 학생이 20명이었는데, 이렇게 총 60명의 아이들을 대상으로 조사해본 결과 매일 대화하는 집단의 학생들이 일주일에 한 번 이하로 대화하는 학생들보다 무려 25점이나 더 높은 성취도를 보였다. 즉 공부를 잘하는 학생들은 대체로 가정에서 부모와 대화를 많이 한다는 것을 알 수 있다.

또한 비행청소년과 그렇지 않은 학생(일반학생)을 대상으로 부모와의 대화 시간을 조사했더니, 비행청소년은 부모와 일주일에 평균 61분 정도의 대화를 한 반면에 일반 학생들은 평균 184분의 대화를 하는 것으로 나타나 비행청소년의 대화 시간이 훨씬 적음을 알 수 있었다.

이런 조사결과에서도 알 수 있듯이 부모와의 대화 시간이 길수록 좋은 인성을 갖게 되고, 공부도 잘할 수 있다. 부모와의 대화라고 하면 보통 어머니

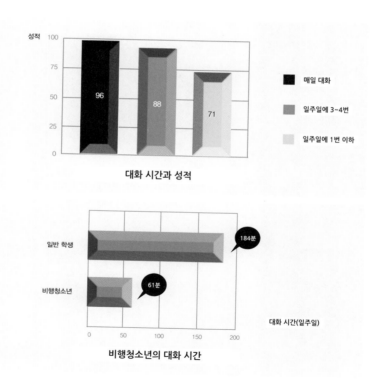

대화 시간과 성적

비행청소년의 대화 시간

와 일상적이고 틀에 박힌 대화를 하는 경우를 떠올리겠지만, 가장의 위치에 있는 아버지가 가끔 던지는 말이 자녀에게는 더 강한 신뢰감을 주고 자신감을 갖게 한다. 실제로 다양한 연구결과를 통해서도 아버지와의 의사소통이 자녀의 창의력을 높이고, 문제행동을 줄이며, 자아개념과 행동발달에 큰 영향을 미치는 것으로 나타났다.

우리나라 아버지들은 자녀와의 대화 시간이 적은 편이다. 모 명문 여자대학에서 "아빠와 같은 사람과 결혼하겠느냐?"라는 질문에 68퍼센트의 학생이 "차라리 결혼하지 않겠다"고 응답했다고 한다. 이것은 자녀와의 의사소통이 부족한 요즘 아버지들에 대한 신뢰도가 얼마나 낮아졌는가를 보여주는 단적인 예가 될 것이다. 아버지와 매일 5분씩 대화하면 자녀의 성적이 매년 5퍼센트씩 향상된다는 것을 기억하자.

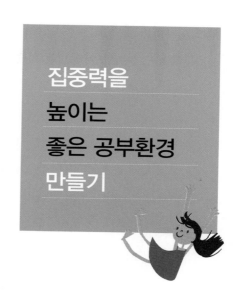

집중력을
높이는
좋은 공부환경
만들기

좋은 친구를 사귀게 하라

예쁜 여자와 함께 다니는 못생긴 남자에게는 무언가 특별한 매력이 있는 것처럼 보인다. 이를 '방사효과'라 한다. 방사효과란 매력 있는 상대와 함께 있으면 사회적 지위나 자존심이 높은 것처럼 보이는 효과를 말한다.

자녀가 친구를 사귈 때는 이러한 방사효과를 얻을 수 있는 친구를 사귀면 좋다. 따라서 부모는 자녀가 친구를 사귈 때 유심히 지켜보면서 좋은 친구를 사귀도록 살펴주어야 한다. 아이들은 모범적인 친구와 함께 다님으로써 모범적인 학생으로 평가받을 수 있고, 실제로 그 친구의 말이나 행동, 생각을 본받게 되기 때문이다. '생선을 담은 봉투는 비린내가 나고 과일을 담은 봉

투는 싱그러운 냄새가 난다'는 말이 있다. 자녀가 어릴 때부터 좋은 친구를 사귀도록 하면 눈에 보이지 않는 학습효과를 얻을 수 있다.

공부방 분위기를 안정감 있게 만들어줘라

공부방은 자녀에게 심리적으로, 정서적으로 안정감을 줄 수 있도록 꾸며야 한다. 앞서도 언급했듯이 자녀의 심리적, 정서적 안정은 자녀의 학습동기와 학습태도 그리고 학업성취도에 큰 영향을 미친다.

공부방에는 되도록 가구가 많지 않아야 한다. 책상은 벽쪽으로 놓는데 문 옆쪽으로 놓는 게 좋다. 천장과 벽은 짙은 파란색과 옅은 파란색 계열이 좋으며, 바닥은 밝은 베이지색으로 꾸며서 마음을 고요히 가라앉혀야 한다.

가구와 커튼, 벽지 등의 색깔은 통일감 있게 배치하여 안정감을 느끼게 한다. 공부방의 온도는 20°C 정도를 유지하고, 가습기 대신 창가에 허브를 키우면 녹색의 푸르름과 함께 허브향이 머리를 맑게 하는 효과까지 볼 수 있다. 책상은 비교적 넓은 게 좋고 의자는 등받이와 팔걸이가 있으면서 푹신푹신하지 않고 고정식으로 만들어진 것을 선택해야 한다. 공부방의 적절한 조도는 300럭스 이상이어야 한다. 그래야 눈의 피로가 덜어지고 대뇌의 각성도도 높일 수 있다.

기본적으로 공부방은 청결하고 깔끔해야 하며, 특히 '시각적인 학습 스타일'을 가진 아이라면 가지런히 정돈된 분위기를 만들어줄 필요가 있다. 물론 자녀 스스로 방청소를 하는 습관이 바람직하지만, 자녀의 공부를 위해서 수시로 부모가 공부방을 깨끗이 해주고 정리정돈해주는 것도 좋다. 계절이 바뀌면 커튼이나 이불보를 바꿔서 새로운 공부방 분위기를 느끼게 하여 학습능률을 높여주는 것도 좋은 방법이다.

아침잠, 기분 좋게 깨워라

'아침 일찍 자녀를 어떻게 깨우느냐' 하는 것은 자녀의 학습태도와 밀접한 관련이 있다. 아침에 자녀를 깨우는 어머니의 모습은 다양하다. 어떤 어머니는 큰소리로 "얼른 일어나!"라고 말하면서 방문을 쾅쾅 두드린다. 또 어떤 어머니는 방문을 살짝 열고 팔다리를 주물러주고 등도 긁어주고 귀를 만져주기도 한다. 어린아이 같은 경우에는 "우리 딸 잘 잤어?"라고 말하며 안아주기도 한다. 일어날 시간에 맞추어 알람시계를 울리게도 하고 자녀가 좋아하는 음악을 들려주기도 한다.

잠을 깨울 때에 특히 좋은 음악이 있다. 베토벤의 '엘리제를 위하여', '미뉴에트', 차이코프스키의 '잠자는 숲 속의 미녀', 멘델스존의 '노래의 날개 위에', 드보르자크의 '유모레스크' 등을 추천한다. 또 자녀가 좋아하는 음악을 편집해서 들려주는 것도 좋다.

유치원생이나 초등학교 저학년생인 경우에는 책을 읽어주는 방법도 있다. 아이 스스로는 읽지 않는 책을 조금씩 끊어서 5~10분 정도 읽어주는 것이다.

또한 아이의 머리와 얼굴을 쓰다듬어 주거나 손도 만져주자. 중고등학생이라면 팔다리를 주물러주면서 일어나게 해보자. 그러면 아침에 일어날 때의 기분 좋은 상태가 학교에 가서 공부를 할 때까지 하루 종일 지속된다.

어릴 때부터 스스로 시간을 정해 놓고 제시간에 일어나는 습관이 길러졌다면 더할 나위 없이 좋지만 그렇지 못하다면 기분 좋게 아이들을 깨우고 즐겁게 학교에 갈 수 있도록 도와주어야 한다. 어떤 방법으로 깨우든 가장 중요한 것은 아이들을 깨울 때 시끄럽고 산만한 소리보다는 가급적 어머니의 손길로 깨우는 것이 좋다는 것이다.

아침식사, 꼭 먹여라

아침식사는 공부능률과 비례한다. 아침밥을 거르지 않는 학생은 포도당 섭취로 두뇌활동이 활발해져서 집중력이 더 좋다. 미국의 플리트와 매튜 박사는 아침식사를 거른 어린이가 아침식사를 매일 했던 어린이에 비해 수학이나 어휘력·기억력 등이 떨어진다는 연구결과를 발표했다.

또한 우리나라의 농촌진흥청에서도 아침식사를 매일 한 학생이 아침식사를 하지 않는 학생보다 수능성적이 20점 정도 높았다는 조사결과를 밝힌 바 있다. 대학생 1~2학년을 대상으로 아침식사와 수능성적 간의 관계를 연구한 결과 매일 아침식사를 한 학생의 수능 평균은 294점(400점 만점), 주 2회 이하로 아침식사를 한 학생은 275점으로 20점의 차이가 있었다. 수능성적뿐만 아니라 내신등급에 있어서도 매일 아침식사를 한 수험생의 평균치는 8등급 중 3.7등급, 아침식사를 4일 이하로 한 수험생은 4.4등급으로 큰 차이를 보였다.

쌀을 주축으로 한 규칙적인 아침식사는 두뇌활동을 촉진시키기 때문에 수험생들의 수능점수를 크게 높일 수 있다. 아침식사를 거르고 점심을 먹게 되면 배가 고파서 자신도 모르게 칼로리가 높은 음식을 먹게 되고 식사량도 많아져 오후에는 졸음이 오고 집중력도 떨어지면서 느슨해진다.

아침식사는 쌀밥과 국, 나물 등이 좋지만 대용식으로 우유와 딸기, 토스트와 통과일 젤리, 김밥, 검은깨, 두유 한 개 정도가 적당하다. 생식으로는 오이 1/2개와 아몬드 1큰술 등을 선택하면 좋다. 그리고 너무 찬 음식이나 뜨거운 음식, 짜거나 매운 음식보다는 부드러운 음식이 좋다. 짠 음식은 후에 물을 자주 찾게 하여 집중력을 떨어뜨리고 사고력을 저하시킨다. 매운 음식은 사고과정을 방해하며, 인스턴트 식품은 속을 편안하게 하거나 안정적으로 만들지 못한다.

수험생의 학습능력을 높이기 위해서는 가급적 어머니의 손맛이 깃든 정성스러운 음식을 만들어주는 것이 좋다. 그것은 한편으로 자녀에 대한 관심과 애정의 표현이 될 수 있다. 아이들은 부모의 관심과 사랑을 느낄 때 뿌듯해하고 고마워하며 공부하는 것을 게을리하지 않게 된다. 마지막으로 건강한 체력은 학력과 직결된다는 것을 기억하자.

타고난
재능이 없는
아이는
없다

아이 안에 숨은 '재능' 찾기

사회적으로 촉망 받는 일이나 부모가 하고 싶었지만 이루지 못했던 일을 하라고 아이들의 장래희망에 부모들의 희망사항을 강요하는 경우가 종종 있다. 그것은 올바른 자녀교육법이 아니다. 자녀교육이란 아이들의 재능과 적성을 발견하여 그에 걸맞은 교육을 시켜 대학에 진학시키고, 아이가 가장 원하는 직업을 갖도록 도와주는 데 있기 때문이다.

아이들은 저마다 고유한 재능을 가지고 태어난다. 한 사람의 재능을 100퍼센트라 할 때 80퍼센트의 재능은 선천적으로 가지고 태어난다. 그리고 나머지 20퍼센트 정도가 후천적인 영향을 받는다. 하지만 인간은 선천적 재능의 20퍼센트만을 사용하게 되므로 결과적으로는 16퍼센트의 선천적 재능만 사용하게 되는 셈이다. 다시 말해서 사람들 대부분이 선천적으로 타고난 재능을 제대로 발휘하지 못한다는 말이 된다. 따라서 부모는 자녀의 숨은 선천적 재능을 발견하여 그 재능을 발휘하도록 도와주어야 할 막대한 임무를 가지고 있다.

그러면 우리 아이들이 가지고 있는 재능을 어떻게 찾을 수 있을까? 재능이란 생활하면서 자신도 모르게 무의식적으로 반복되는 사고와 감정, 행동 패턴이라고 할 수 있다. 어려서부터 하고 싶어 하고 동경하는 부문, 공부를 할 때 다른 사람보다 특히 학습속도가 빠른 부문, 어떤 일을 하는데 다른 일보다 뿌듯함이 느껴지고 만족감이 더 컸던 부문이 있다면 그것들은 분명 재능과 관련이 있을 것이다.

유치원 시기의 어린아이들이라면 노는 모습만 눈여겨 보아도 재능을 발견할 수 있다. 유치원생 아이들의 노는 모습을 관찰해보라. 어떤 아이는 장난감을 뒤집어 보면서 하나하나 분해하고 있고, 어떤 아이는 놀이터에서 땅바닥의 개미를 한참 동안 들여다보고 있다. 부모는 어릴 때부터 아이가 좋아하고 싫어하는 것, 하고 싶어 하거나 하기 싫어하는 것, 유난히 호기심을 갖는 것이 무엇인지를 유심히 관찰해야 한다. 장난감을 분해하려고 하면 "이게 얼마짜린지 알아!"라고 꾸짖고, 밖에 나가 뛰어놀겠다고 하면 "바깥이 얼마나 위험한지 알아?"라고 말하며 안에서 놀라고 하고, 흙을 가지고 놀면 "흙이 얼마나 더러운지 알아?"라며 혼내는 엄마들이 많다. 하지만 큰 사건사고가 일어날 상황만 아니라면 자녀가 하고 싶어 하는 일, 잘할 수 있는 일을 할 수 있도록 적극적으로 도와주자.

피아노를 한 번도 쳐보지 않은 두 아이에게 30분씩 피아노를 가르쳤는데 한 아이가 다른 아이보다 피아노를 잘 친다면 그 아이는 피아노에 재능이 있다고 할 수 있다.

이와 같이 재능을 찾기 위해서는 첫째, 아이들에게 다양한 경험의 장을 제공해야 한다. 그림 그리기, 노래 부르기, 모형 만들기, 운동, 여행 등 여러 가지 활동을 시도해보아야 한다. 그 일이 재능과 적성에 맞는 일이라면 수행시간이 덜 걸리고, 발전 속도도 빠르며, 성과도 높게 나타난다.

둘째, 자녀와의 대화를 통해 재능을 찾을 수 있다. 여러 가지 직업이나 사물, 사건, TV에 나오는 여러 문제에 대해 대화를 나누다 보면 자녀가 어느 분야에 관심과 의욕을 가지고 있는지를 알 수 있다. 대개 듣는 것에 집중하지 못하는 '시각적인 학습 스타일'을 가진 아이가 어떤 내용에 유독 집중해서 듣는 모습을 보인다면 그 부문이 바로 아이의 재능과 관련이 있는 분야라고 할 수 있다.

셋째, 여러 가지 일과 직업에서 사람들의 활동모습을 접함으로써 아이의 재능을 발견할 수 있다. 각종 매체를 통해 간접적으로, 혹은 실제 여러 직업에서 일하는 모습을 접하게 하면 아이들은 재능이 있는 분야에 특별한 관심을 보인다.

넷째, 독후감 활동을 통해서도 재능과 적성을 발견할 수 있다. 아이들에게 여러 분야의 책을 많이 읽도록 하고 독후감이나 독서 감상문을 쓰게 한 후 그 내용을 분석해보면 어떤 분야에 재능이 있는지를 찾을 수 있다.

다섯째, 적성 검사지를 활용해서 재능을 발견할 수 있다.

이들 다섯 가지 방법을 종합적으로 활용한다면 자녀의 재능과 적성을 보다 확실하게 발견할 수 있을 것이다.

자녀의 재능을 발견하는 것만큼이나 그 재능을 키워주는 것도 중요하다. 이를 위해 재능을 발휘할 수 있도록 관련 활동을 시키고, 관련 분야의 독서를 장려하자. 재능을 발견하기 위한 이 같은 노력은 학교교육에서도 필요하지만 가장 큰 역할을 해야 하는 것은 부모의 몫이다. 그러니 지금부터라도 내 아이의 '진흙 속에 가려져 있는 옥'이 무엇인지 관심을 갖고 찾아보는 것은 어떨까?

내 아이는 어떤 재능을 가지고 있을까?

신체운동 재능

운동, 춤, 무용, 연극 등을 좋아하고 실내보다는 실외에서 많은 시간을 보내며, 처음 배우는 스포츠나 스케이트, 자전거를 쉽게 배우는 아이, 어떤 것을 그림보다는 몸동작으로 보다 잘 표현하고, 손으로 다루는 능력이나 손재주가 좋은 아이는 신체운동 재능을 가지고 있다고 할 수 있다. 이런 아이는 몸의 균형감각과 촉각이 다른 사람보다 발달되어 있고, 자신의 운동균형, 민첩성, 태도 등을 조절할 수 있는 능력을 가지고 있다. 이 아이들에게는 공예가, 조각가, 기계공, 외과 의사, 운동선수, 무용가, 연극배우 등의 직업군이 적합하다.

언어적 재능

유머가 풍부하고, 독서나 말하기를 좋아하며, 토론, 끝말잇기, 낱말 맞추기 게임을 잘하고, 다양한 단어를 구사하는 아이는 언어적 재능이 있다고 할 수 있다. 말이나 글로 언어를 구사하는 능력이 뛰어난 이 아이들에게는 기자나 작가, 편집자, 연설가 등이 적성에 맞는 직업군이다.

공간적 재능

처음 간 곳을 어려움 없이 다시 찾아가는 아이, 골똘히 생각하고 있을 때 자신도 모르게 낙서를 하고, 그림 그리기나 감상을 좋아하는 아이, 물건을 분해하고 조립하는 일에 능숙하고 조각그림 맞추기나 미로찾기 게임을 잘하는 아이는 공간적 재능을 가진 아이라 할 수 있다. 이러한 아이들은 시각적, 공간적인 아이디어를 시각화하거나 그림으로 나타내는 능력을 가지고 있어 미술, 건축, 각종 디자인 업종과 실내 장식가, 발명가 등의 직업군이 적합하다.

논리 · 수학적 재능

전화번호, 차량번호 등의 숫자를 남들에 비해 유난히 잘 기억하는 아이, 물건을 살 때 돈 계산이 빠른 아이, 상징이나 기호의 의미를 쉽게 파악하는 아이는 논리 · 수학적 재능을 가진 아이라 할 수 있다. 계산, 추론, 가설 검증, 일반화 등 정신적 과정에 관한 뛰어난 능력을 가진 이 아이들은 수학자,

컴퓨터 프로그래머, 이공계 교수 등의 직업군이 적합하다.

대인관계 재능

교우도^{sociogram}에서 중앙에 위치하여 친구가 많고 친구들 사이에서 인기가 많은 아이, 혼자 하는 운동보다 단체경기를 좋아하는 아이, 타인의 슬픔과 기쁨을 함께 해주고 조언자가 될 수 있다는 것을 자랑스러워 하는 아이는 대인관계 재능을 가진 아이라 할 수 있다. 최근에는 이런 재능을 가진 아이들이 주목받고 있다.

사회적 관계에 의해 성공 여부가 결정되는 현대사회에서 이 재능은 필수적이다. 또한 성공한 사람들의 공통점으로 대인관계 능력이 손꼽히고 있다. 대인관계 재능은 선천적으로 타고 나기도 하지만, 후천적으로 계발이 가능한 재능이다. 이런 재능을 가진 아이는 다른 사람의 기분이나 느낌 등을 분별하고 대응하는 능력을 가지고 있으며, 성직자나 정치 지도자, 외교관, 홍보, 영업, 무역업무 등의 직업군이 적합하다.

자연탐구 재능

다음으로 곤충, 동물이나 식물 채집을 좋아하고, 산과 들, 강 등 자연을 좋아하는 아이, 산을 가더라도 나뭇잎의 모양이나 크기, 지형 등에 관심을 가지고 사물에 대한 분류를 잘하는 아이는 자연탐구 재능이 있다고 할 수 있다. 이런 아이는 식물이나 주변 사물을 자세히 관찰하여 차이점이나 공통점을 찾아내고 분석하는 능력을 가지고 있으며, 식물학자, 과학자, 해양학자,

지질학자, 수의사, 정원사 등이 적성에 맞는 직업군이라 할 수 있다.

자기이해 재능

많은 사람과 어울리기보다는 혼자 집에 있는 것을 좋아하고, 혼자만의 취미나 관심사가 있으며, 조용히 사색하고 자신의 생각과 느낌을 메모나 일기로 꾸준히 기록하는 아이, 자신이 스트레스를 받고 있다는 것을 즉시 인지하는 아이는 자기이해 재능을 가진 아이라 할 수 있다. 이런 아이는 자신의 감정상태나 행동방식 등을 이해하고 스스로 문제를 해결하려는 의지가 강한 특징을 보이며, 심리학자나 심리치료사, 상담자, 신학자, 교사, 목사 등이 적성에 맞다.

음악적 재능

소리, 리듬, 진동과 같은 음악 세계에 민감하고, 발자국 등 비언어적인 소리에도 예민하며, 음악을 틀어 놓고 공부하기를 좋아하는 아이, 또 악기 연주를 쉽고 재미있게 배우고, 많은 노래를 기억하고 부르며, 음악을 들으면 자신도 모르게 몸을 움직이거나 손뼉을 치는 아이는 음악적 재능이 있다고 할 수 있다. 이런 재능을 가진 아이는 리듬, 멜로디, 음색 등을 이해하고 만들어 낼 수 있는데 연주자, 성악가, 작곡가 등이 적성에 맞다.

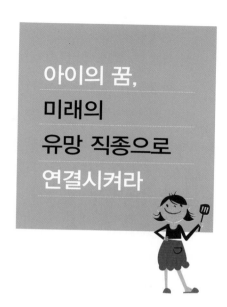

아이의 꿈, 미래의 유망 직종으로 연결시켜라

미래의 유망 직종은 무엇일까?

지금 이 순간에도 세상에는 많은 직업들이 생겨나고 있다. 중국에는 다른 사람에게 실수나 잘못을 했는데 직접 사과하는 게 힘든 사람들을 대신해서 사과하는 '대리 사과 요원', 기자들을 대신해 병원이나 호텔, 공공기관을 돌면서 참신하고 새로운 정보를 얻어 신문사와 미디어에 제공하고 돈을 받는 '뉴스 발굴사' 등의 직업이 있다.

한국직업능력개발원에서는 2015년 소득수준 상위 직업으로 다음과 같은 직업들을 선정하였다. 1위는 컴퓨터 보안 전문가, 2위는 기업의 고위 임원, 3위는 항공기 정비원과 산업용 로봇 조작원, 4위는 컴퓨터 시스템 설계분석가 순이었다.

또한 세계 미래학회에서는 미래의 유망 직종으로 나노^{NT}, 바이오^{BT}, 정보기술^{IT}, 환경공학^{ET} 분야를 제시하였다.

나노기술$^{Nano\ Technology}$은 원자나 분자 정도의 작은 크기 단위에서 물질을 합성ㆍ조립ㆍ제어하거나, 그 성질을 측정ㆍ규명하는 기술을 말한다. 그리고 생명공학$^{Bio\ Technology}$은 생명 관련 신기술의 개발을 목적으로 하는 유전공학의 공업적 응용뿐만 아니라 발효공학, 하이브리도마공학, 농업공학(동식물의 형질전환) 등 광범위한 내용을 포함한다. 정보기술$^{Information\ Technology}$은 정보의 생산과 획득, 가공처리 및 응용에 관한 모든 기술, 초고속 인터넷, 이동통신, 광통신, 홈네트워크 등과 같은 통신기술과 컴퓨터, 소프트웨어, 데이터베이스, 멀티미디어 등의 기술이 핵심이다. 환경공학기술$^{Environment\ Technology}$은 환경오염 예방, 환경복원과 관련된 기술로 청정, 에너지, 해양환경 기술 등을 포함하는 기술이다.

한–미 자유무역협정^{FTA} 발효 이후의 유망 직업으로는 소믈리에, 컴퓨터게임 기획자, 성우, 여객기 조종사, 보석 디자이너, 축구 전문 에이전트, M&A 전문가, 피부 컨설턴트 등이 꼽히고 있다.

아이의 20년 후를 대비하라

지금 현재 우리나라에 거주하고 있는 외국인의 수가 백만 명을 넘어섰다. 통계자료에 따르면 지금 유치원이나 초등학교에 다니는 아이들이 직업을 가지게 되는 20년 후인 2030년에는 자국에 거주하는 외국인의 비율이 적은 나라는 10퍼센트, 많은 나라는 50퍼센트에 이를 것으로 전망하고 있다. 그야말로 '지구촌'이 되는 셈이다. 따라서 20년 후 자녀들이 대한민국 내에서 직업을 가지고 살게 될 것이라고 생각해서는 안 된다. 20년 후에는 대한민국을 벗어나, 아시아를 넘어 아프리카의 이집트, 남미의 브라질 등 세계 도처에서 직업을 가지고 살아가게 될 것이라고 생각하는 게 옳다. 따라서 지금 유치원, 초등학교 학생들은 20년 후 세계를 주도할 국가들의 언어만 공부해도 성공할 수 있다.

20년 후 세계적으로 부상하게 될 국가는 브릭스BRICs, 즉 브라질, 러시아, 인도, 중국이다. 또한 20년 후에는 브릭스BRICs에 이어서 비스타VISTA, 즉 베트남, 인도네시아, 남아프리카공화국, 터키, 아르헨티나와 같은 나라들이 부상하게 될 것이다. 이들 나라의 몇 가지 언어만 열심히 공부해도 20년 후에 자녀는 세계를 누비며 유망한 직종에 몸담을 수 있다는 얘기다. 또한 앞으로의 세계는 베스트 원Best one보다 온리 원Only one이 성공할 수 있다. 어디서 어떠한 일을 하든 자기만이 할 수 있는 일을 개척해야 한다. 세계 최고로 성장하고 싶다면 다른 사람과 다른 특별한 능력을 키워야 한다는 말이다.

지금 자라나는 세대들에게는 현재가 아닌 미래를 내다보고 이루어지는 직업설계가 필요하다. 긍정심리학의 창시자인 마틴 셀리그먼은 '사람이 느낄 수 있는 가장 큰 행복은 자신이 잘할 수 있는 일을 하고 있을 때 나타난다'고 하였다. 자녀가 좋아하는 일을 찾고 그 일을 직업으로 삼아 살아갈 수 있도록 자녀교육을 설계하는 것이 바로 이 시대 부모의 역할이다.

자녀교육은 10년 전략이다!
서둘지 말고 멀리 보는 부모가 되자

자녀교육 강의를 할 때마다 한 번도 빠뜨리지 않고 받는 질문이 있다.

"사교육 한 번 하지 않고 아이를 가르쳤다는 게 정말인가요?"

그리고 이어지는 질문도 항상 같다.

"대체 어떻게 공부를 시켰나요?"

그때마다 나는 서슴없이 "독서로 공부시켰다"고 대답한다.

초등학교에 들어가기 전부터 나는 아이들에게 놀이와 독서 그리고 많은 체험활동의 기회를 제공하였다. 또한 소의 고삐를 쥐고 앞장서서 소를 억지로 끌고 가는 식의 공부가 아니라 뒤에서 소를 모는 식의 공부를 시켰다. 나는 아이들에게 "이 책을 읽어라", "이런 식으로 공부해야 한다"고 강요한 적이 없다. 오히려 아이들에게 자유로운 선택의 기회를 주고 아이 스스로 생각하고 느끼면서 필요로 하고 좋아하는 것을 찾아내게 했다. 예컨대, 모래장난을 하던 아이가 손에 쥔 모래를 입으로 가져갈 때는 "안 돼!"라고 소리 지르는 대신에 아이가 모래를 입에 넣었다가 뱉어낼 때까지 기다렸다.

우리 아이들은 어렸을 때부터 '라이프 디자인life-design'을 시작했다. 라이프 디자인이란 나는 무엇을 어떻게 공부하고, 나의 비전과 꿈을 위해 내 삶을 어떻게 꾸려나갈 것인지에 대해 큰 밑그림을 그려보는 것이다. 나는 그런 기회를 자주 만들어주었다. 우리 부부는 아이가 잘못될까 봐 초조해하지 않고 부모가 먼저 공부 코치가 되어주는 교육방식을 고수한 셈이다.

그리고 우리 부부가 교육계에 몸담고 있어서였는지는 모르지만 자녀교육에 관한 한은 누구의 눈치를 보지도 않았고, 입소문을 무작정 따라하지도 않았다. 우리는 아이를 가장 잘 이해하는 사람은 부모인 우리라고 믿었다. 그러므로 우리가 소신과 목표를 가지고 아이를 가르치면 된다고 생각했다.

요즘 나는 '자녀교육'을 주제로 강의를 할 때마다, 특히 아이가 유치원과 초등학교 시기를 보내고 있는 엄마들에게 농담 반 진담 반으로 제발 서로 만나지 말라고 충고한다. 자녀교육에 대한 철학과 소신 없이 주위 엄마들의 말에 이리 휘둘리고 저리 휘둘리기 때문이다. 옆집 엄마가 특정 학원이 좋다고 보내면 내 아이도 따라 보내고, 특정 문제집을 풀어 성적이 올랐다고 하면 부리나케 달려나가 그 문제집을 사다 아이에게 안겨준다. 어떤 과외 선생님이 잘 가르친다고 하면 그 선생님께 과외를 시켜야 직성이 풀린다. 요즘 엄마들은 그렇게 하지 않으면 불안해서 잠을 이룰 수가 없다.

하지만 이런 교육방식은 축구 코치가 선수들을 지도할 때 선수들의 몸 상태나 선수 개개인의 특성은 무시하고 다른 팀 코치의 훈련법을 따라하는 것과 다를 게 없다. 그런 방식으로는 자녀교육을 제대로 할 수가 없다.

토끼와 거북이의 이야기를 모르는 사람은 없을 것이다. 이 이야기에서 토끼는 거북이를 이기는 것을 목표로 생각했고 거북이는 산의 정상을 목표로 생각했다. 의식 있는 부모라면 그 차이를 곰곰이 생각해야 할 것이다. 자녀교육은 10년 전략이다. 다른 부모들을 의식할 필요가 없다. 이 세상은 소신을 가지고 멀리 내다보면서 목표를 향해 꾸준히 노력하는 사람이 승리하게 되어 있다.

개인적으로 나는 아이를 학원을 보내거나 과외를 시키지 않았으면 좋겠다. 사교육을 시키면 당장은 성적이 오를지 모르지만 이런 방식으로는 아이들이 스스로 공부하는 법을 절대로 배울 수 없다. 교육은 아이들이 생각할 수 있는 힘을 길러주는 과정이다. 그런데 학원이나 과외가 아이의 사고를 대신해주게 되면 아이들은 사고활동이 저하되고 뇌 기능도 점점 떨어져서 생각할 수 있는 힘을 잃게 되고 만다. 결국 자기주도적 학습능력은 꽃을 피우기도 전에 시들고 말 것이다. 우리는 노래방 기기 때문에 노랫말을 외우지 못하게 되었고, 내비게이션은 사고력과 기억력을 떨어뜨렸다. 이와 마찬가지로 학원이나 과외는 아이 교육에 매우 위험하다.

물론 이 책에서 제시하고 있는 내용이 모든 아이들에게 적용할 수 있는 유일무이한 방법은 아니다. 아이들 개개인의 성장과정과 생각, 가치, 행동방식, 가정 환경 등이 모두 제각각이기 때문이다. 하지만 이 책에서 제시된 것들을 부모가 먼저 실천한다면 반드시 아이는 달라질 것이다. 이 책을 덮을 때에는 부모인 당신의 소신과 아이에 대한 가능성을 믿는 차원에서 다음의 '자녀교육 십계명'을 되뇌어 보았으면 한다.

자녀교육 십계명

- 자녀교육은 유치원, 초등학교 시기가 결정적 시기다.

- 자녀교육은 유전이나 IQ보다 노력에 의해 성공할 수 있다.

- 자녀교육은 욕심보다 관심이 더 중요하다.

- 어렸을 때 아이의 재능을 찾아 그에 걸맞은 교육을 시켜야 한다.

- 유치원과 초등학교 시기는 놀이와 독서, 체험활동이 중요하다.

- 독서능력이 곧 성적이고 인생의 성패를 가름한다.

- 자녀교육은 10년 전략으로 인내와 끈기가 필요하다.

- 부모는 아이의 생존을 도와주는 차원을 넘어 발달을 도와줘야 한다.

- 교육은 생각하는 힘을 길러주므로 아이 스스로 공부를 하게 해야 한다.

- 자녀교육에 성공하려면 다른 부모와 1퍼센트가 달라야 한다.

참고문헌

곽정란 (1997), 어떻게 하면 내 아이가 책을 좋아하게 될까, 차림.

남미영 (2004), 엄마가 어떻게 독서 지도를 할까, 대교출판.

남미영 (2007), 엄마의 독서학교, 애플비.

버니스 E. 컬리넌 (1996), 독서왕이 성공한다, 프레스빌.

성정일 (1999), 어린이 글쓰기와 독서, 시서례.

한철우 외 (2001), 과정 중심 독서 지도, 교학사.

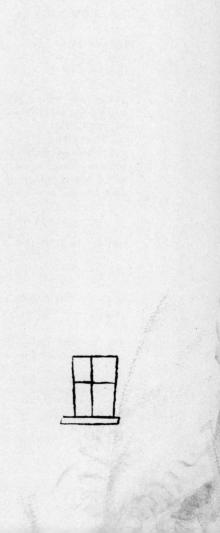

일등 아이의 특별한 엄마

초판 1쇄 인쇄 2017년 8월 1일
초판 1쇄 발행 2017년 8월 7일

지은이 이명주
펴낸이 김옥희
펴낸곳 아주좋은날

출판등록 2004년 8월 5일 제16-3393호
주소 서울시 강남구 테헤란로 201, 501호
전화 (02) 557-2031
팩스 (02) 557-2032
홈페이지 www.APPLETREETALES.com
블로그 http://blog.naver.com/appletales
페이스북 https://www.facebook.com/appletales
트위터 https://twitter.com/appletales1

※ 이 책은 《책벌레 공부중독》의 개정판입니다.

ISBN 979-11-87743-15-6 (03590)

ⓒ 이명주, 2017

이 도서의 국립중앙도서관 출판시도서목록(CIP)은 서지정보유통지원시스템 홈페이지(http://seoji.nl.go.kr)와
국가자료공동목록시스템(http://www.nl.go.kr/kolisnet)에서 이용하실 수 있습니다.
(CIP제어번호: CIP2017016819)

아주좋은날 은 애플트리태일즈의 실용·아동 전문 브랜드입니다.